# 设施园艺作物栽培新技术

贾俊英 编著

SHESHI YUANYI ZUOWU ZAIPEI XINJISHU

内蒙古科学技术出版社

**图书在版编目（CIP）数据**

设施园艺作物栽培新技术 / 贾俊英编著. — 赤峰：
内蒙古科学技术出版社，2016. 12（2020.2重印）
ISBN 978-7-5380-2767-9

Ⅰ. ①设…　Ⅱ. ①贾…　Ⅲ. ①园艺—设施农业—栽培
技术　Ⅳ. ①S62

中国版本图书馆CIP数据核字（2017）第011448号

**设施园艺作物栽培新技术**

编　　著：贾俊英
责任编辑：许占武
封面设计：永　胜
出版发行：内蒙古科学技术出版社
地　　址：赤峰市红山区哈达街南一段4号
网　　址：www.nm-kj.cn
邮购电话：（0476）5888903
排版制作：赤峰市阿金奈图文制作有限责任公司
印　　刷：天津兴湘印务有限公司
字　　数：150千
开　　本：787mm×1092mm　1/16
印　　张：8.25
版　　次：2016年12月第1版
印　　次：2020年2月第2次印刷
书　　号：ISBN 978-7-5380-2767-9
定　　价：48.00元

# 前　言

　　设施园艺是我国农业领域的一个重要组成部分。设施园艺产品如蔬菜、水果、花卉等满足了人民对园艺产品不同时节的需求。随着人们生活水平的提高，对设施园艺产品的需求日益增长，加上园艺产品的附加值很高，从事园艺作物生产具有显著的经济效益。设施园艺业对促进农业增效、农业增收、繁荣农村经济能够发挥主导作用。

　　随着设施园艺业的飞速发展，也暴露出了一些问题，有不少农民不懂技术，管理措施不当，致使设施内的园艺作物药害、病虫害、冻害、肥害、有毒气体危害、土壤盐渍化等问题层出不穷。从而造成投资高，经济效益不显著，这些问题大大制约了设施园艺作物栽培经济效益的发挥，阻碍了设施园艺的进一步发展。

　　针对上述问题我们撰写了《设施园艺作物栽培新技术》一书，书中结合通辽市气候特点及当地设施实际，总结汇编了我们从事设施作物栽培技术研究、示范、试验、推广工作中的一些技术措施。本书共七章，第一、二章介绍了设施的种类、结构、建造，及其内部环境调控技术；第三章介绍了设施园艺作物的育苗技术；第四、五、六章分别介绍了蔬菜、果树、花卉作物的设施栽培技术；第七章介绍了设施作物生产中常用的化控技术。本书尽可能全面地涵盖了当地主栽园艺作物的栽培技术，以体现"基本"、"新"和"实用"的原则，力求做到理论联系实际，服务于生产。

# 目　　录

# 绪 论

设施园艺：又称设施栽培，是指在露地不适于园艺作物生长的季节（寒冷或炎热）或地区，利用特定的设施（保温、增温、降温、防雨、防虫），人为创造适于作物生长的环境，以生产优质、高产、稳产的蔬菜、花卉、水果等园艺产品的一种环控农业。

## 一、园艺植物设施栽培概况

### （一）我国园艺设施栽培现状

我国在2000多年前的秦朝就能利用保护设施栽培多种蔬菜。在唐代出现了温室栽培杜鹃花和利用天然温泉的热源进行瓜类栽培的记载，随后又创造了很多保护地类型。明、清时期采用简易的土温室进行牡丹和其他花卉的促成栽培。但是设施栽培作为一种高效的种植业，是在20世纪80年代才被重视和发展起来的。据统计，截至1998年，中国观赏植物设施栽培总面积已达到6958hm$^2$，占观赏植物种植总面积的7.6%。2003年，国内设施园艺栽培面积超过140万hm$^2$，居世界第一位，设施农业在我国的发展前景看好。

我国作为农业大国，农业产业化、现代化是今后的发展方向，设施农业产业是农业产业结构调整后发展起来的新兴产业。大型温室面积已超过700hm$^2$，而且每年都以超过100hm$^2$的速度增长，但我们与世界先进国家相比还有很大差距，也存在着许多困难。参照国外花卉业的发展历史可以推测，我国园艺设施栽培今后还会有更大的发展。但由于园艺植物设施栽培的生产成本高，栽培管理技术要求严格，在实践中应因地制宜地发展。随着生产力的发展，人民生活水平的提高，保护设施由简易到复杂、由小型到大型发展成多种类型、多种方式、多种设施配套进行园艺生产。这些年来，我国许多大城市已先后建成了大型单栋或连栋温室、大棚，大棚的结构已向钢筋无柱及薄壁镀锌钢管装配式发展，园艺作物设施栽培已形成一定规模和专业化程度较高的产业。

由于设施栽培的发展，使得在不同季节进行生产以获得多样化产品成为可能，尤其是目前反季节蔬菜栽培发展很快，起着供应淡季蔬菜的作用。

设施栽培除在蔬菜、花卉生产中占有极其重要的地位外，很多果树，如草莓、桃、樱桃和

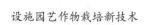

葡萄等也越来越多地利用园艺设施进行生产,其发展前景十分广阔。

(二)国外园艺植物设施栽培概况

国外保护地发展以罗马帝国为最早,到16—17世纪欧洲各地保护地设施才有发展,19世纪以后,英、法、美等国相继发展加温温室、玻璃温室和连栋温室。

## 二、园艺植物设施栽培的意义

(一)可不受季节和地区限制,全年进行生产,满足消费需求

园艺产品(包括蔬菜、花卉、水果等)是人们生活中不可缺少的副食品或观赏品,日常生活都离不了。另外由于经济的发展,人们的购买力增强了,出现了对园艺产品的反季节消费需求。这就要求市场上必须持续地、源源不断地向人们提供上述产品。但在自然条件下,由于我国地域辽阔,从东到西、从南到北处在不同的气候条件下,北方地区无霜期短,有120~200天不能进行露地栽培;南方的长江、淮河流域夏天受到高温、暴雨、病虫害的影响,露地生产园艺作物也存在一定的困难。为了解决这些矛盾,人们利用各地区的季节差、利用垂直的温差(海拔高度不同温度差异较大,一般情况下海拔每上升100m,气温下降0.6℃)、利用贮藏加工的方法来调节不同地区、不同季节人们对园艺产品的需求。但是,这些方法都存在明显的局限性,不可能保证人们持续不断的需求。

(二)设施内环境可控,能生产出优质高档产品,经济效益显著

在自然生产的条件下,园艺作物的产量受品种、环境条件、栽培措施的制约。遇到自然条件恶劣,其产量和质量均受到严重的影响。而设施栽培提供的是比较稳定的环境条件和比较优良的栽培措施,即便是和自然条件相同的品种也会获得较高的产量和质量。利用设施栽培,既可以抵御自然界不利气象因素(如暴雨、高低温等)的影响,还可以在设施内人为地调节影响园艺植物生长的气象因素,创造园艺植物良好的生长条件,使得园艺植物稳产、高产、优质成为可能,满足人们的消费需求。

## 三、园艺植物设施栽培的特点

设施栽培是在人为创造的环境条件下,在露地不能生产或者在产量很低的季节里能进行正常的栽培。它可以延长园艺产品的供应时间,增加花色品种,获得比露地更高的产量。其特点如下。

(一)有一定的设施

设施栽培的一个先决条件,必须要有足以改善自然气候条件,使之适合于园艺植物生长发育的设施。如地膜、冷床、温床、小棚、中棚、大棚或温室等。

(二)设施内有不同于露地的特殊环境条件

当前我国使用节能型的设施,与露地栽培相比较,有下列不同。

1. 光环境

进行设施栽培时，光线透过玻璃、塑料薄膜或硬质塑料等采光材料，阳光经过单层、双层或多层覆盖，又由于采光材料的老化、尘土污染、水滴折射以及建筑方位与太阳角度的变化，其入射率和入射量比露地低，其中紫外线和红外线的入射量受玻璃的影响透入很少，或基本不透入。紫外线对菌核病、灰霉病等多种病原菌有很强的杀伤能力，对果实着色有很好的促进作用，缺少紫外线对防御园艺植物各种病害和果实着色不利。缺少红外线影响室内温度的升高，园艺植物得不到足够的地温和气温，则根系的吸收能力和地上部分物质的合成、运转、积累都会受到抑制，也不能进行正常发育。

2. 温度环境

在设施的密闭条件下，空气中热容量小，建筑物内温度的上升及下降均快。在比较暖和的晴天，中午前后在密闭条件下温度可高达40~50℃，天亮以前温度降至最低点，昼夜温差一般能达到20~30℃。昼夜之间适当的温差对增加光合作用，减少呼吸作用以及干物质的积累是有利的。

3. 湿度环境

设施内温度忽高忽低，空气的相对湿度随温度的变化而变化。中午前后气温高，空气相对湿度低；夜晚温度低，空气相对湿度高。在密闭的薄膜覆盖设施内，晴天中午空气干燥的程度与沙漠相仿。夜晚，即使是晴天，其相对湿度常达90%以上，而且持续8~9小时以上，空气绝对湿度比外界空气高出5倍以上。空气湿度过高对大多数园艺植物是不利的，它为多种园艺植物病害的发生和发展提供了有利条件。

4. 气体环境

在密闭设施内，气流横向运动几乎等于零，纵向运动也不如露地活跃。气流静止或缓慢运动，叶片长期处于同一位置，接受的光照相对减少。气流静止或缓慢运动，还影响二氧化碳的活动，叶片密集区域严重缺乏二氧化碳，影响光合作用的进行。这种气流静止的现象不通过人为的开窗通风和强制通风，就不可能获得良好的栽培效果。

园艺作物与其他作物一样，白天进行光合作用，需要二氧化碳，放出氧气；晚上进行呼吸作用，需要氧气，放出二氧化碳。因此，在相对密闭的设施里缺乏二氧化碳是经常现象。二氧化碳日变化的幅度也很大，从日出开始到开始通风之前，即10时左右含量最低，从日落开始到日出，园艺作物进行光合作用之前二氧化碳含量最高。据研究，上午光合成量在一天中占70%左右，上午消耗二氧化碳最多。因此，设施栽培中补充二氧化碳都应在上午进行。

5. 土壤环境

设施内不受雨水冲刷，气温、土温均比露地高，土壤的蒸发量大，盐分随土壤水分上升，造成土表盐分积聚，土壤溶液的浓度显著高于露地，栽培时间越长，土壤盐分积累越多，设施内土壤盐分呈集聚上升型。露地栽培温度低，土壤盐分上升慢，同时受雨水冲刷影响，土壤盐

分呈集聚下降型。

（三）对品种特性的要求

适应设施栽培的品种要求耐低温、耐潮湿、耐弱光、株型矮化和紧凑、早熟丰产。绝大多数园艺作物的品种是在露地栽培的条件下，通过自然淘汰和人工选择一代代繁殖下来的。将这些品种栽植到设施里以后，有的品种尚能适应，有的则发育不良，难以达到提早或延迟栽培的目的。设施栽培的品种最好专门进行选育，尤其对延迟栽培和越冬栽培的品种，一定要有耐低温、耐弱光、耐潮湿、株型紧凑和早熟丰产的特点。

# 第一章　园艺植物栽培设施基础

## 第一节　地　膜

### 一、地膜覆盖的效应

1. 改善蔬菜的栽培环境

（1）提高地温：地膜覆盖后一般可使1~10cm土层的温度升高2~5℃，高温强光期可增温10℃以上。苗期、晴天以及地膜的透光率较高时，透过地膜的光量较大，土壤的增温效果也比较明显；成株期、阴天以及地膜透光率下降比较明显时，透过地膜的光量比较少，土壤的增温效果不明显。当地膜表面长时间被严重遮光时，覆盖区的地温甚至会低于不覆盖区，会出现逆温现象。

（2）保持稳定的土壤湿度：地膜不透水，地面蒸发的水蒸气遇到地膜后，往往聚集成水滴，重新落回地面，从而保持上层土壤较高的湿度。据调查，干旱季节地膜覆盖下10cm土层中的含水量要比不覆盖区高10%左右。雨季以及浇水时，由于水只能从地膜的四边缓慢渗入地膜下，土壤湿度增加缓慢，可避免上层土壤中的水分过多、湿度过大，从而使土壤含水量稳定在一定的湿度范围内。

（3）保持良好的土壤结构：地膜覆盖能够避免或减轻浇水、降雨等造成的表土板结和沉实，长时间保持土壤良好的疏松透气状态，同时也能够增加土壤中水稳性团粒的含量，进一步改善土壤的结构。

（4）提高土壤中速效养分的含量：地膜覆盖改善了土壤的热、气状况，土壤微生物活动旺盛，加速了土壤有机质的矿化以及其他营养的分解转化，土壤中的速效养分含量增加比较明显。

但需注意的是，地膜覆盖后，栽培前期土壤的养分供应强度比较大，土壤养分消耗也比较多，如不及时补充肥料，栽培后期容易发生养分供应不足、脱肥早衰现象。

（5）增加地面光照：不论是露地还是保护地，透光地膜覆盖均可使距地面上1m以内空间内的光照得到改善,而以40cm以内范围的增光幅度最为明显。

(6)除草:黑色地膜具有除草的作用。

2. 促进蔬菜的生长发育

地膜覆盖后,一是为蔬菜的种子萌发提供了温暖湿润以及疏松的土壤环境,种子萌发快,出苗早。一般低温期播种喜温性蔬菜可提早6~7天出苗;二是蔬菜的根系数量增多;三是茎叶生长加快,茎粗、叶面积以及株幅等增加比较明显,但同时也存在着植株发生徒长的危险;四是产品器官形成期提前,提早收获。一般果菜类的开花结果期可提早5~10天。采收期提前7~5天,同时产品质量也得到了明显的提高。

## 二、地膜的种类

按照地膜的性能与应用范围不同,地膜可划分为很多种类型,但在生产上常用的有两种。

1. 无色透明地膜:该类地膜的透光性好,增温快,但杀草效果差,主要适合于低温期以增温早熟为主要目的的蔬菜栽培。

2. 黑色地膜:有色地膜的增温效果不如无色地膜,但由于其对光的吸收、反射以及对透过光的成分具有较强的选择性。因此,在控制杂草、防治病虫害、控制高温、改善地面光环境等方面具有独特的用处,目前在一些特殊栽培中应用的比较多。常用的有色地膜主要有黑色地膜:厚度一般0.01~0.03mm,每公亩用量7~10kg。黑色地膜的透光率通常低于10%,土壤增温效果差,但保湿和灭草效果比较好,主要用于防杂草覆盖栽培。

## 三、地膜覆盖栽培注意事项

1. 播种期和定植期要适宜。地膜覆盖只能够提高白天的气温,而无法提高夜间的气温,相反由于地膜的隔热作用,夜间以及阴天地膜表面的温度却往往低于露地,当遇到低温霜冻时,地膜覆盖区反而比不覆盖区更容易遭受冻害。因此,要根据地膜的覆盖方式、蔬菜的耐寒能力以及是否有其他保护设施配合等因素综合考虑,来确定蔬菜的安全播种期和定植期。

2. 要施足底肥、均衡施肥。地膜覆盖蔬菜的产量高,需肥量大,但由于地面覆盖地膜后,不便于开沟深施肥,因此要在栽培前结合整地多施、深施肥效较长的有机肥。另外,为避免栽培前期蔬菜发生徒长,基肥中还应增加磷、钾肥的用量,少施速效氮肥。

3. 适时补肥,防止早衰。地膜覆盖蔬菜的栽培后期,容易发生脱肥早衰,应在蔬菜生产高峰期到来时及时补充化肥,延长生产期。地膜覆盖蔬菜的补肥方法主要有冲施肥法和穴施肥法等。

4. 提高浇水质量。由于地膜的隔水作用,畦沟内的水只能通过由下向上渗透的方式进入畦内部,畦内土壤湿度增加比较缓慢。因此,地膜覆盖区浇水要足,并且尽可能让水在畦沟内停留的时间长一些,保持比较长的渗水时间。有条件的地方,最好采取微灌溉技术,在地膜下进行滴灌或微喷灌浇水等,提高浇水质量。

5. 防止倒伏。地膜覆盖蔬菜的根系入土较浅,茎高叶多,结果量大,植株容易发生倒伏,应及时支竿插架,固定植株,并勤整枝抹杈,防止株形过大。

# 第二节　拱　棚

塑料薄膜拱棚主要指拱圆形或半拱圆形的塑料薄膜覆盖棚,简称为塑料拱棚。按棚的高度和跨度不同,一般分为塑料小拱棚、塑料中拱棚和塑料大拱棚三种类型。

**一、塑料小拱棚**

塑料小拱棚用细竹竿、竹片等弯曲成拱,一般棚高低于1.5m,跨度3m以下,棚内有立柱或无立柱。

1. 塑料小拱棚的类型

塑料小拱棚的类型依棚形不同,一般将塑料小拱棚划分为拱圆形、半拱圆形和双斜面形三种类型。其中以拱圆形棚应用的最为普遍,双斜面形棚应用的相对比较少。

2. 塑料小拱棚的环境特点

(1)温度特点:塑料小拱棚的空间比较小,蓄热量少,晴天增温比较快,一般增温能力可达15~20℃,高温期容易发生高温危害。但保温能力比较差,在不覆盖草苫情况下,保温能力一般只有1~3℃,加盖草苫后可提高到4~8℃。一日中,棚内的最高温度一般出现在13时左右,日出前温度最低。由于塑料小拱棚的棚体较小之故,棚温的日变化幅度比较大。夜间不覆盖草苫保温时,晴天昼夜温差一般为20℃左右,最大时可达25℃左右;阴天的昼夜温差比较小,一般只有6℃左右,连阴天差距更小。

(2)光照特点:塑料小拱棚的棚体低矮,宽度小,棚内光照分布相对比较均匀,差距不大。据测定,东西延长的塑料小拱棚内,南北方向地面光照量的差异幅度一般只有7%左右。

(3)湿度特点:棚内空气湿度的日变化幅度比较大,一般白天的相对湿度为40%~60%,夜间90%以上。另外,小拱棚中部的温度比两侧的高,地面水分蒸发快,容易干旱,而蒸发的水汽在棚膜上聚集后沿着棚膜流向两侧,常常造成两侧的地面湿度过高,导致地面湿度分布不均匀。

3. 塑料小拱棚建造技术

建造塑料小拱棚要着重掌握好以下几点。

（1）架体要牢固。竹竿、竹片等架杆的粗端要插在迎风一侧；视风力和架杆的抗风能力大小不同，适宜的架杆间距范围为0.5～1m；多风地区应采取交叉方式插杆，用普通的平行方式插杆时，要用纵向连杆加固棚体；架杆插入地下深度应不少于20cm。

（2）棚膜要压紧。露地用塑料小拱棚要用压杆（细竹竿或荆条）压住棚膜，多风地区的压杆数量要适当多一些。

（3）棚膜的扣盖方式要适宜。小拱棚主要有扣盖式和合盖式两种覆膜方式。扣盖式覆膜，扣膜严实，保温效果好，也便于覆膜，但需从两侧揭膜放风，通风降温和排湿的效果较差，并且泥土容易污染棚膜，也容易因"扫地风"而伤害蔬菜。合盖式覆膜的通风管理比较方便，通风口大小易于控制，通风效果较好，不污染棚膜，也无"扫地风"危害蔬菜的危险，应用范围比较广。其主要不足是膜合压不严实时，保温效果较差。依通风口的位置不同，合盖式覆膜又分为顶合式和侧合式两种形式。顶合式适合于风小地区；侧合式的通风口开于背风的一侧，主要用于多风、风大地区。

4. 塑料小拱棚的生产应用

塑料小拱棚的空间低矮，不适合栽培高架蔬菜，生产上主要用于蔬菜育苗、矮生蔬菜保护栽培以及高架蔬菜低温期保护定植等。

**二、塑料中拱棚**

塑料中拱棚是指棚体顶高1.5～1.8m，跨度3～8m的中型塑料拱棚的总称。

塑料中拱棚的棚体大小和结构的复杂程度以及环境特点等均介于塑料小拱棚和大拱棚之间。

塑料中拱棚易于建造，建棚费用比较低，但栽培空间较小，也不利于实行机械化和现代化生产，应用规模不大，属于临时性、低成本的蔬菜保护地栽培。

**三、塑料大拱棚**

简称塑料大棚，是指棚体顶高1.8m以上，跨度大于8m的大型塑料拱棚的总称。

1. 塑料大拱棚的基本结构

塑料大拱棚主要由立柱、拱架、拉杆、棚膜和压杆五部分组成。

（1）立柱：立柱的主要作用是稳固拱架，防止拱架上下浮动以及变形。在竹拱结构的大棚中，立柱还兼有拱架造型的作用。立柱主要为水泥预制柱，部分大棚用竹竿、木杆等作立柱。

竹拱结构塑料大拱棚中的立柱数量比较多，一般立柱间距2～3m，密度比较大，地面光照分布不均匀，也妨碍棚内作业。钢架结构塑料大拱棚内的立柱数量比较少，一般只有边柱，甚至无立柱。

（2）拱架：拱架的主要作用，一是大棚的棚面造型，二是支撑棚膜。拱架的主要材料有竹竿、钢梁、钢管、硬质塑料管等。

（3）拉杆：拉杆的主要作用是纵向将每一排立柱连成一体，与拱架一起将整个大棚的立柱纵横连在一起，使整个大棚形成一个稳固的整体。竹竿结构大棚的拉杆通常固定在立柱的上部，距离顶端20~30cm处，钢架结构大棚的拉杆一般直接固定在拱架上。拉杆的主要材料有竹竿、钢梁、钢管等。

（4）塑料薄膜：塑料薄膜的主要作用，一是低温期使大棚内增温和保持大棚内的温度；二是雨季防雨水进入大棚内，进行防雨栽培。塑料大拱棚使用的薄膜种类主要有幅宽的聚乙烯无滴膜、聚乙烯长寿膜以及蓝色聚乙烯多功能复合膜等。

（5）压杆：压杆的主要作用是固定棚膜，使棚膜绷紧。压杆的主要材料有竹竿、大棚专用压膜线、粗铁丝以及尼龙绳等。

2. 塑料大拱棚的环境特点

（1）温度特点

①增、保温特点：塑料大拱棚的空间比较大，蓄热能力强，但由于一天中只是一侧能够接受太阳直射光照射等缘故，因此，增温能力不强。一般低温期的最大增温能力（一天中大棚内外的最高温度差值）只有15℃左右，一般天气下为10℃左右，高温期达20℃左右。塑料大拱棚的棚体宽太，不适合从外部覆盖草苦保温，故其保温能力也比较差。一般单栋大棚的平均保温幅度为3℃左右。

②日变化特点：大棚内的温度日变化幅度比较大。通常日出前棚内的气温降低到一天中的最低值，日出后棚温迅速升高。晴天在大棚密闭不通风情况下，一般到10时前，平均每小时上升5~8℃，13~14时棚温升到最大值，之后开始下降，平均每小时下降5℃左右。夜间温度下降速度变缓。3~9月份的昼夜温差为20℃左右或更高。晴天棚内的昼夜温差比较大，阴天温差小。

③地温变化特点：大棚内的地温日变化幅度相对较小，一般10cm土层的日最低温度较最低气温晚出现约2小时。当气温低于地温前，地温值上升到最高。

（2）光照特点

①采光特点。塑料大棚的棚架材料粗大，遮光多，其采光能力不如中小拱棚强。根据大棚类型以及棚架材料种类不同，采光率一般为50%~72%。

双拱塑料大棚由于多覆盖了一层薄膜，其采光能力更差，一般仅是单拱大棚的50%左右。

②光照分布特点。垂直方向上，由上向下光照逐渐减弱，大棚越高，上、下照度的差值也越大。

水平方向上，一般南部照度大于北部，四周高于中央，东西两侧差异较小。南北延长大棚的背光面较小，其内水平方向上的光照差异幅度也较小；东西延长大棚的背光面相对较大，其棚内水平方向上的光照分布差异也相对较大,特别是南、北两侧的光照差异比较明显。

3. 塑料大拱棚的设计

(1)塑料大拱棚设计的基本要求是:棚内的小气候条件优良,特别是光照条件要好;棚体结构牢固,抵抗风、雪的能力强;要有利于生产管理,不损害人体健康,机械化程度较高的地区,还要有利于机械化作业;要有利于提高土地的利用率;大棚的建造费用要低等。

①规格设计:大棚的适宜长度为30~60m。大棚过短,棚内的环境变化剧烈,保温性也差;大棚过长,管理不方便,管理跟不上时容易造成棚内局部环境差异过大,影响生产。

大棚的适宜宽度为8~12m,以减少风害及保持棚面良好的采光性能。

大棚的适宜中高为1.8~2.5m,适宜边高为1~1.5m。为增强大棚的保温能力,大棚的高度与宽度应保持一定的变化比例,适宜的比例范围为1:(4~6)。

②棚边设计:塑料大拱棚的棚边主要分为弧形棚边和直立棚边两种。弧形棚边的抗风能力比较强,对提高大棚的保温性能、扣膜质量等也比较有利,但棚两侧的空间低矮,不适于栽培高架蔬菜。直立棚边大棚的两侧比较宽大,通风好,适于栽培各种蔬菜,目前应用较为普遍。直立棚边的主要缺点是抗风能力较差,棚边的上沿也容易磨损薄膜,生产中尽量不采取直立棚边的形式建棚。

③通风口和边裙设计:塑料大拱棚的通风口主要分为扒缝式通风口和卷帘式通风口两种。扒缝式通风口是从上、下相邻两幅薄膜的叠压处,扒开一道缝进行放风,通风口大小可根据通风需要进行调整,比较灵活,但容易损坏薄膜,并且叠压缝合盖不严时,保温性差,膜面也容易积水。卷帘式通风口使用卷杆向上卷起棚膜,在棚膜的接缝处露出一道缝隙进行通风,卷杆向下移动时则关闭通风口,通风口大小易于调节,接缝处的薄膜不易松弛,叠压紧密,多用于钢拱结构大棚和管材结构大棚,采取自动或半自动方式卷放薄膜。

大棚通风口的总面积一般要求不少于总表面积的20%。顶腰部通风口为大棚的主要放风口。很多地方为了方便,采取放底风的方式,这样容易导致扫地风危害作物,所以,在放风口内侧一定要悬挂60~80cm高的边裙。

④方位设计:塑料大拱棚的基本方位有东西延长的南北方位和南北延长的东西方位两种。

南北方位大棚的采光量大,增温快,并且保温性也比较好,但南北两侧的光照差异也比较大。该方位比较适合于跨度8~12m、高度2.5m以下的大棚以及春秋季风害较少的地区。最好建造成异型拱棚,即矢高在距北边缘的距离是棚宽的四分之一处。东西方位大棚的采光性能不如前者,早春升温稍慢,早熟性差一些,但大棚的防风性能好,棚内地面的光照分布也较为均匀,有利于保持整个大棚内的蔬菜整齐生长,适合于各种类型的大棚。

# 第三节 温 室

温室一般是指具有屋面和墙体结构，增、保温性能优良，适于严寒条件下进行蔬菜生产的大型蔬菜保护栽培设施的总称。

## 一、温室的类型

1. 按温室内有无加温设备分类

根据温室内是否有加温设备，将温室分为加温温室和日光温室两种类型。

（1）加温温室：温室内设有烟道、暖气片等加温设备，温度条件好，抵抗严寒能力强，但栽培成本较高，主要用于冬季最低温度长时间在–20℃以下的地区。（通辽地区不提倡建设加温温室）

（2）节能型日光温室：温室内不专设加温设备，完全依靠自然光能进行生产，或只在严寒季节育苗时进行临时性人工加温，生产成本比较低，如果设计合理在通辽地区完全能够实现不加温就能够正常生产果菜类蔬菜。

节能型日光温室的前屋面的采光角度大，白天增温快，同时自身的保温能力也比较强，一般保温能力可达15~20℃，在冬季最低温度–15℃以上或短时间–25℃左右的地区，可于冬季生产喜温的果菜类。辽沈系列温室和通辽市开发区设施农业园区、二号村、科尔沁区孔家村、开鲁县大榆树镇的温室都属于这类温室。普通型日光温室的前屋面采光角度比较小，自身的保温能力也相对较差，增、保温能力均不如前者，保温能力一般只有10℃左右，在冬季严寒地区，只能于春季和秋季栽培喜温性蔬菜。

2. 按前屋面的坡形分类

根据温室前屋面的坡形不同通常将温室分为拱圆型和斜面型两种类型。

（1）拱圆型温室：该类温室能够多角度采光，采光量比较大，温度高，同时温室内的空间也比较大，保温性好，也有利于蔬菜生长。其主要缺点是对拱架材料要求比较严格，所用材料必须易于弯拱并且还要有一定的强度。

（2）斜面型温室：玻璃及塑料板材温室的前屋面属此类型。屋面建造材料主要有木材、角钢、槽钢等。斜面形温室的排水、排雪性能比较好，也易于卷放草苫。其主要缺点是温室的中、前部比较低矮，不便于作业和只有一个固定采光角度，栽培效果较差，往往会出现冬季温度低和春季暴热现象。

另外，根据温室的屋面数量不同，又将温室划分为单栋温室和连栋温室两种类型。连栋温室有两个以上的屋面，一般为全玻璃结构或全聚酯板材结构。

### 二、温室的环境特点

1. 温度特点

（1）增、保温特点：一般来讲，单屋面温室无直射光死角，在光照下增温比较快，增温性优于塑料大棚。双屋面温室以及连栋式温室由于有太阳直射光的死角，且背光面比较大，增温能力与塑料大拱棚基本相近，明显不如单栋一面坡温室的强。

（2）日变化特点：温室的空间较大，容热能力强，温度变化相对比较平缓。冬季晴天上午从卷起草苫到10时前，温度上升较为缓慢，每升高1℃平均约需要12分钟，10时至12时升温速度加快，平均每10分钟升温1℃；中午13时前后温度升到最高值，之后开始降温，从13时至16时，平均每15分钟温度约下降1℃；覆盖草苫后，降温速度放慢，一般从16时到第二天上午8时，降温10度左右。

一天中，温室南部的温度变化幅度也较大，昼夜温差约25度；中部和北部的温度变化比较平缓，昼夜温差约20℃。东西方向上，东部上午升温慢，下午接受光照多，温度比较高，降温晚，夜温较高；西部上午升温快，温度高，但下午降温早，散热多，夜间温度较低，故温室的门多开于东部。

（3）地温变化特点：地温高低受气温变化的影响很大。冬季，一般白天气温每升高4℃，15cm耕层的地温平均升高1℃，最高地温出现时间一般较最高气温晚2~3小时；夜间气温每下降4℃，地温下降约1℃，不人工加温时，最低地温值一般较最低气温高4℃左右。

2. 光照特点

（1）采光特点：温室的跨度合理，采光面积和采光面的倾斜角度比较大，加上冬季覆盖透光性能优良的EVA专用薄膜，故采光性比较好。特别是节能型日光温室，由于加大了后屋面的倾斜角度，消除了对后墙的遮阴，使冬季太阳直射光能够照射到整个后墙面上，采光性更为优良。一般情况下，温室内的光照均能够满足蔬菜栽培的需要。

（2）光照分布特点：温室内由于各部位的采光面角度大小以及高度等的不同，地面光照的差异也比较明显。

东西方向上，由于侧墙的遮阴和反射光作用，地面光照的差异也比较明显。通常上午西部增光较快，东部由于侧墙遮阴，光照较弱；下午东部增光明显，而西部则迅速下降，以中部光照最好。

（3）季节性变化特点：冬季太阳出于东南，落于西南。自然光照时间短，北方大部分地区的日照时数只有11小时左右以下，而温室因保温需要，草苫晚揭早盖，其内的日照时数更短，通常仅为7~8小时。另外，冬季由于太阳斜对温室，反射光数量较多，温室的采光量也不足。所以不论是从光照时数还是从光的照度讲，冬季光照均不能满足喜光蔬菜的要求。春秋季太阳升高,自然光照的时间加长,温室内的光照时间也延长至11小时左右,基本上能够满足喜光蔬菜的需光要求。夏季温室内的光照比较充足,容易导致高温,需要采取遮光措施,防止高温危害。

### 三、温室的基本结构

温室主要由墙体、后屋面、前屋面、防寒沟以及保温覆盖物等五部分构成。

### 四、日光温室设计

1. 场地选择与规划

场地选择的一般原则是:有利于控制设施内的环境,有利于蔬菜的生长与发育,有利于控制蔬菜病虫害,有利于蔬菜产品与农用物资的运输。对建造场地的具体要求是:

(1)避风向阳。要求场地的北面及西北面有适当高度的挡风物保温。

(2)光照充足。要求场地的东、西、南三面无高大的建筑物或树木等遮光。

(3)地下水位低。地下水位高处的土壤湿度大,也容易盐渍化,不宜选择。

(4)病菌、虫卵含量少。一般老菜园地中的病菌和虫卵数量比较多,不适合建造温室、大棚等,应选土质肥沃的良田。

(5)土壤的理化性状好。要求土壤的保肥保水能力强、通透性好、酸碱度中性。

(6)地势平坦。要求地面平整,以减少设施内局部间的环境差异。

(7)地势高燥。要求所选地块的排水性良好,雨季不积水。

(8)方便运输。要靠近主要的交通线路,使产品能及时运出。

2. 方位设计

高效节能日光温室在建造时,对温室在地面上的坐落方位有较严格的要求,一般要求坐北朝南,东西走向,正向布局,目的是尽可能延长日照时间。在具体实施时,由于地形的限制,无法做到正向布局时,可根据具体情况,向东或向西偏斜5°,最大偏斜不可超过10°,若偏斜角度太大,会减少日光温室的日照时间,直接影响温室的热性能,当然对生产也会带来很大损失。

多数测定方位的方法都使用罗盘测定,其实罗盘误差非常大,加之很多人不了解磁偏角知识,测出的方位并不准确。下面介绍一个简单又精确的办法来测定方位。在气象部门、地图上和GPS定位仪上都能查出当地的经度。东经120°的经线上的正午时间是12点,每增加或缩小一个经度,正午时间将提前或延后4分钟。偏东西各5°(相差20分钟)的朝向在栽培上无明显差异。通辽地区一般采用朝向为正午时间就可以(市内正午时间是11点52分)。西北风较大地区可偏东3°~5°,朝向偏西的设计一般在临海和北纬40°以南地区。

3. 温室间距

温室的南北最小距离应不少于设施最大高度（温室矢高+保温被直径）的2.5倍。但最小距离不等于是最佳距离。在温室摆布上以温室间至少能放下一栋拱棚为最好。在通辽市近郊温室的南北最小间距以15m以上为好，在远郊还可以增加温室间距，增加在温室间摆放拱棚的数量。

4. 单体设计

日光温室的单体设计是由多要件组成的。每个要件参数科学合理才能设计出效果良好的日光温室，只要有一个要件不合理就不可能建造出综合效能好的日光温室。

（1）规格设计

①日光温室的矢高。矢高就是温室的最高点。根据当地风压确定，以3.6~3.8m为宜，以确保温室有足够的栽培空间和适宜的前屋面采光角。矢高过高风害严重，矢高超过4米的温室要考虑防风设施。

②内部跨度：日光温室的内跨度是根据前屋面采光角而定。通辽地区前屋面最适采光综合角为33°左右（地理纬度-10°）。通辽地区温室的跨度7m左右为宜。

③长度：适宜的温室长度为80~100m。温室过短，两侧墙的阴影比例增大，光照和温度环境不佳，同时土地的利用率也不高。温室过长，不方便农时操作和环境管理。

（2）前屋面采光角设计：目前我市原来建造的温室大部分为两折式，主要采光面只有一个不变的采面光角，一般为26°~28°，20世纪90年代中期，出现的温室的采光角度虽然有所提高，也仍然是一个采光角度，达不到理想的要求。合理的采光面角在冬季能提高温度和积累热量，在春夏秋季能减轻太阳辐射形成逆温现象。要想达到这一效果，主要是建造一个合理的温室结构。温室的主要参数是：

温室矢高H；

采光角$\alpha$=地理纬度-10°；

后仰角坡$\beta$=地理纬度；

采光面投影$L_1$=H/tan$\alpha$；

后坡面投影$L_2$=$L_1$/4；

跨度L=L+L；

后墙高度=h-$L_2$·tan$\beta$。

在通辽地区单体温室的矢高为3.6m，温室群的矢高为3.8m。通辽市科尔沁区位于北纬43°37′，东经122°16′；以科尔沁区设施园区为例，日光温室的参数为：

温室矢高H=380cm；

采光角$\alpha$=33°37′；

后仰角坡$\beta$=43°37′；

采光面投影$L_1$=38°/tan33°37′=570cm；

后坡面投影L$_2$=570/4=140cm；

跨度L=710cm；

后墙高度h=380−140×tan43°37=245cm；

在通辽地区单体温室的矢高为3.6米的日光温室的参数只需在上述参数上把温室跨度减少25cm（后坡投影减少5cm，采光面投影减少20cm）即可。

后坡投影从墙顶内侧开始算起，后墙高度从温室骨架上边开始算起。

上面说的采光角是矢高到前底脚的斜线与地面的夹角，也是采光面的综合角。

合理的采光面角需要具备两个重要条件：一是温室最高点和前底脚连线与地面的夹角，在通辽市要超过33°37；二是采光面角度由下向上从65°逐渐递减到15°。采光面以投影中点为分界线分成前、后两个采光区。前采光区在冬季将大部分阳光采集后直接照射到温室的地面、后墙和后坡上，使温室内温度升高。夜间，地面、后墙和后坡将蓄积的热能释放，使温室内能够保持较高的温度。后采光区则把大部分光折射到空中。前采光区是温室在冬季的强采光区，后采光区是冬季的弱采光区。而到了夏季，太阳高度角升高，前采光区把大部分光折射到空中，后采光区采集到的光只能照射到地面，照射不到后坡和后墙，在温室内形成了理想的"逆温"现象，温室的温度特点形成了冬暖、夏凉、春秋平和的理想效果。达到这样效果的前采光面的参数为：距前底脚50cm处的高度为100cm，距前底脚100cm处的高度为175cm，距前底脚300cm处的高度为300cm。这个采光面也是温室在冬季的强采光面。如需精密计算，可依照如下函数方程：

y=−0.375x$^2$+0.125x+3

3m后的采光面以弧的形式顺延就可以。

（3）后屋面设计：后屋面结构有仰角和投影两个重要因素。合理的后坡仰角是决定有效光照的重要因素，合理的投影是增加保温性能和避免春夏季栽培畦遮阴。后屋面仰角和地理纬度相同，矮后墙长后坡的温室后坡仰角要达到48°。加大仰角的目的就是使后坡没有光照死角。后屋面的地面投影宽度大小对温室的保温性能影响很大，适宜的地面垂直投影宽度为：1.4m左右为宜。

（4）后屋面保温层设计：后屋面保温层是决定蓄热和保温的重要因素。适宜厚度为20～40cm。后屋面保温层因材料而制定厚度。

①可用20kg/m$^3$容重、18cm厚的苯板加10cm厚的灰顶。

②可用三层8cm厚的苇板，然后上面覆盖塑料后，覆盖5cm后的泥顶。

③可用玉米秸秆等柴草捆成草把，也可用3cm厚的稻草帘6层。每层间要覆盖薄膜防水渗入。

（5）墙体设计：后墙体高度根据不同的需求来设计。正常温室内墙高度不要超过2.5m。沙漠地区、贫土地区可采用"矮后墙长后坡"温室，后墙高度只需要1.2m高。砖石墙应设计成夹心墙,内填充轻质保温材料(可用10kg/m³容重、20cm厚的苯板),夹心墙也可以采用两层密封的塑料中间夹粉碎的玉米秸秆空心墙,空心厚度不要超过10cm。泥、土墙要设计成梯形墙,并且墙体厚度要适当大一些,增强保温性以及抗倒塌能力,一般要求上宽不少于2m,底宽2.5～3m。山墙的设置一般一侧借助缓冲间,另一侧用草苫子或草板建造比较合理和安全。为了增加骨架的稳固性,最好设置前墙,前墙一般用红砖和水泥砂浆砌筑。

(6)骨架设计:骨架形状设计按附图要求即可。需要着重说明的是两点:一是骨架要进行横向拉结或焊接。竹木结构的骨架和钢竹混合骨架要用多条钢线拉结;钢架要用钢管焊接拉结。二是骨架间隔不要过大,间距过大棚膜不平展。竹木结构的骨架间距50~60cm一道,钢架间距以80cm间距为宜。无论是木架和钢架都不要直接放在温室墙上

(7)透明覆盖材料:前屋面用透明材料覆盖,一般选用长寿无滴膜,即聚氯乙烯无滴膜,该材料柔韧性强,不易拉裂,保温性好,但表面静电吸尘严重,透光率低,一般新膜透光率为75%。吸尘后透光率仅有50%左右,适于黄瓜、番茄等作物栽培使用。目前推广使用的醋酸乙烯膜,透光率在85%左右,表面静电吸尘差,适于茄子、辣椒等作物栽培使用。另外,还有多功能复合膜等正在生产中试用。

(8)通风口设计:由于温室的主要栽培季节为冬季,通风量较少,为增强温室的严密性,通风口的面积比例不宜过大。一般,冬季用温室的通风口面积占前屋面表面积的5%～10%即可满足需要,春秋季扩大到10%～15%即可。目前的温室通风口主要为手拉式结构,也可以采用手动或电动卷膜式通风口。手拉式是用滑轮以及细绳等装置,在温室内直接开关通风口,十分方便。通风口要设置上下两处,上部通风口设于温室的顶部的棚膜上,下部通风口设于温室的前部离地面1m左右的高处,在背部不要设置通风口。也可以不专设下部通风口,而是将前边棚膜从地里扒出,卷起后代替通风口,在里面设置一道边裙来防止"扫地风"的做法也很好。

5. 保温防寒设计

在寒冷季节如何把在白天采集的太阳光储存起来,到夜间释放出来,还尽可能避免流失到室外,则需要对温室进行蓄热、散热和保温的一系列设计。墙体和后坡是蓄热和散热设计。以下重点介绍保温设计。

(1)防寒沟:为增强设施的保温性能,在温室四周应设置防寒沟,重点是温室前脚。温室前脚防寒沟的设置最佳方法为在温室前脚内侧下挖30cm宽、40cm深的沟,沟内填充苯板外包塑料可作为永久性防寒;填充塑料布包裹干柴草和秸秆也可用于临时性防寒;还可以采用秸秆浇水接种酵素菌或催腐剂发热来达到防寒的目的。温室后面和两侧也可以采用这个办法,土墙温室由于墙体宽厚,两侧和后面不用设置防寒沟。砖石墙体的防寒要从地基开始,并在外侧培1m高、2m宽的土。

(2)外防寒覆盖:通辽地区大部分采用棉被保温和一层稻草苫和10层牛皮纸被和薄膜保温,这里重点强调一下,棉被没有想象的保温效果,目前市场上的黑心棉被达不到保温效果。

下面介绍三种其他保温措施。

①从里向外依次为薄膜、棉毡（700g/m²）、薄膜、草帘的多层覆盖方法。

②从里向外依次为薄膜、草帘、6层无纺布（35g/m²）做的被、薄膜、草帘多层覆盖。

③内防寒覆盖物：内防寒覆盖最好的材料是无纺布。用4层35g/m²的无纺布可以悬挂天幕。这种保温措施不适合有支柱的温室。

# 第二章　设施环境调控技术

设施栽培是在一定的空间范围内进行的,因此生产者对环境的干预、控制和调节能力与影响,比露地栽培要大得多。管理的重点,是根据作物遗传特性和生物特性对环境的要求,通过人为地调节控制,尽可能使作物与环境间协调、统一、平衡,人工创造出作物生育所需的最佳的综合环境条件,从而实现蔬菜、水果、花卉等作物设施栽培的优质、高产、高效。

设施内可以人为地调控温、光、水、气、肥。

制定作物设施栽培的环境调节调控标准和栽培技术规范,必须研究以下几个问题。

1. 掌握作物的遗传特性和生物学特性,及其对各个环境因子的要求。作物种类繁多,同一种类又有许多品种,每一个品种在生长发育过程中又有不同的生育阶段(发芽、出苗、营养生长、开花、结果等),上述种种对周围环境的要求均不相同,生产者必须了解。光照、温度、湿度、气体、土壤是作物生长必不可少的5个环境因子,每个环境因子对各种作物生育都有直接的影响,作物与环境因子之间存在着定性和定量的关系,这是从事设施农业生产所必须掌握的。

2. 应研究各种农业设施的建筑结构、设备以及环境工程技术所创造的环境状况特点,阐明形成各种环境特征的机理。摸清各个环境因子的分布规律,对设施内不同作物或同一作物不同生育阶段有何影响,为确立环境调控的理论和基本方法、改进保护设施、建立环境标准等提供科学依据。

3. 通过环境调控与栽培管理技术措施,使园艺作物与设施的小气候环境达到最和谐、最完美的统一。在摸清农业设施内的环境特征及掌握各种园艺作物生育对环境要求的基础上,生产者就有了生产管理的依据,才可能有主动权。环境调控及栽培管理技术的关键,就是千方百计使各个环境因子尽量满足某种作物的某一生育阶段对光、温、湿、气、土的要求。作物与环境越和谐统一,其生长发育也越加健壮,必然高产、优质、高效。

农业生产技术的改进,主要沿着两个方向在进行:一是创造出适合环境条件的作物品种及其栽培技术,二是创造出使作物本身特性得以充分发挥的环境。而设施农业,就是实现后一目标的有效途径。

# 第一节　光照条件及其调控

## 一、设施内光分布的特点

设施内的光照与露地不同,它受设施的方位、设施的结构(屋面的角度)、透光面的大小和形状、覆盖材料的特性,还受覆盖材料清洁与否的影响。光照受到影响后,我们要改善设施内的光照,以便得到最大限度的光照,因为光首先是植物光合作用的重要条件,其次也是保证设施温度的重要条件。

1. 光强

设施内的光无论在强度上,还是在时数上都比外界要低。是由于覆盖物的遮挡、吸收、散射所至;另外,塑料膜上的水珠、外层的灰尘对光的阻挡和散射。一般来说设施内的光强是外界的50%~70%,新塑料膜大棚内的光照可达90%。

2. 光照时数

塑料大棚和大型连栋温室,因全面透光,无外覆盖,设施内的光照时数与露地基本相同。但单屋面温室内的光照时数一般比露地要短,因为在寒冷季节为了防寒保温,覆盖的蒲席、草苫揭盖时间直接影响设施内受光时数。在寒冷的冬季或早春,一般在日出后才揭苫,而在日落前或刚刚日落就需盖上,1天内作物受光时间不过7~8小时,光照时数要比外界短,远远不能满足园艺作物对日照时数的需求。光照时数短主要对冬季生产影响大,冬季生产的蔬菜由于没有充足的光照,蔬菜品质下降。

3. 光质

光质与透明覆盖材料的性质有关,我国主要的农业设施多以塑料薄膜为覆盖材料,透过的光质就与薄膜的成分、颜色等有直接关系;玻璃温室与硬质塑料板材的特性,也影响光质的成分。由于覆盖材料不同,进入设施内的光质发生了改变。目前,在膜里添加了光质转化剂,可以使进入设施内的光转变为以蓝绿光为主的光,蓝绿光是作物光合作用过程中吸收最多的光。

4. 光照分布

园艺设施内光分布的不均匀性,使得园艺作物的生长也不一致。下面从水平、垂直两个层次来进行分析。

(1)水平分布。

对于大棚来说:

东西走向的大棚:南面的光比北面的光强,如图2-1所示:

南北走向的大棚: 早上光在东面, 下午光在西面, 如图2-2:

图2-1　　　　　　　　　　　图2-2

温室中的光比大棚中的光在分布上更不均匀, 是由于后墙、后坡、东墙、西墙的遮阴。冬天温室的入射光要比夏天多一些, 而分布也比夏天均匀些。(这是按照设计温室的要求, 即冬天光入射最多以确保此时得到充足的热量的要求)

(2)垂直分布: 在垂直线上, 光随高度的增加而增强。如图2-3。

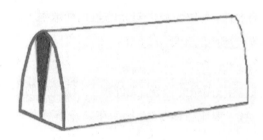

图2-3

据测定, 温室栽培床的前、中、后排黄瓜产量有很大的差异, 前排光照条件好, 产量最高, 中排次之, 后排最低, 反映了光照分布不均匀。

单屋面温室后面的仰角大小不同, 也会影响透光率, 使光的透入分布不均匀。园艺设施内不同部位的地面, 距屋面的远近不同, 光照条件也不同。(注: 后坡角的影响没有温室角度对光照的影响大)

**二、光照条件对作物生长发育的影响**

植物的生命活动, 都与光照密不可分, 因为其赖以生存的物质基础, 是通过光合作用制造出来的。正如人们所说的"万物生长靠太阳", 它精辟地阐明了光照对作物生长发育的重要性。目前我国农业设施的类型中, 塑料拱棚和日光温室是最主要的, 约占设施栽培总面积的90%或更多。塑料拱棚和日光温室是以日光为唯一光源与热源的, 所以光环境对设施农业生产的重要性是处在首位的。

(一)园艺作物对光照强度的要求

光照强弱影响作物的生产发育, 它直接影响产品品质, 而且也影响产量。如冬天生产的西瓜、番茄, 大家都有明显的感受, 西红柿汁液少, 有时形状不规则。光照强弱能影响花色, 一般开花的观赏植物要求较强的光照。依据植物对光照的要求不同,将植物分为以下三种。

1. 阳性植物:这类作物对光照强度要求高,光饱和点在6万~7万lx。这类植物必须在完全的光照下生长,不能忍受长期荫蔽环境,一般原产于热带或高原阳面。

代表植物有:

花卉:2年生花卉,宿根、球根花卉,木本花卉,仙人掌类;

蔬菜:西瓜、甜瓜,茄果类;

果树:葡萄,樱桃,桃。

当光照不足时会严重影响阳性植物园艺产品的产量和品质,特别是西瓜、甜瓜,含糖量会大大降低。

2. 阴性植物:这类植物多数起源于森林的下面或阴湿地带,不能忍受强烈的直射光线,它们多产于热带雨林或阴坡。它们对光照要求弱,光饱和点在2.5万~4万lx,光补偿点也很低。这类植物有:

花卉:兰科植物、观叶植物、姜科、凤梨科、天南星科、秋海棠科;

蔬菜:多数绿叶菜和葱蒜类比较耐弱光。

3. 中性植物:这类植物对光照要求不严格,一般喜欢阳光充足,但在微阴下生长也较好,光饱和点在4万~5万lx。这类植物有:

花卉:萱草(黄花菜、花卉上有紫色的)、麦冬草、玉竹;

果树:李子、草莓;

蔬菜:黄瓜、甜椒、甘蓝类、白菜类、萝卜类。

(二)园艺作物对光照时数的要求

光照时数,一般来说越长越好,但有的植物在长光条件下不能开花结实,或者提早开花结实而不形成产品器官。这种光诱导植物开花的效应就是光周期现象。

1. 光周期现象:一天之内光照时数对作物开花结实生长发育影响的现象。光周期现象受季节、天气、地理纬度等的影响。

光周期现象在生产中的应用:

(1)在花卉上可以通过控制光的长短来控制开花;

(2)蔬菜方面,菠菜、莴笋、葱头即使不经过低温春化,在长光照的条件下也能抽薹开花。

2. 按照作物对光照长短的需求,把植物分为:

(1)长光性植物:要求光照在12~14小时以上才能开花结实,如唐菖蒲、多数绿叶菜、甘蓝类、豌豆、葱、蒜等;若光照时数少于12~14小时,则不抽薹开花,这对设施栽培这类蔬菜比较有利,因为绿叶菜类和葱蒜类的产品器官不是花或果实(豌豆除外)。

(2)短光性植物:要求光照在12~14小时以下(也就是12小时以上的黑暗期)才能开花结

实,常见的园艺作物有一品红、菊花、丝瓜、豇豆、扁豆、茼蒿、苋菜、蕹菜。

（3）中光性植物：对光照长短没有严格的要求，茄果类、菜豆、黄瓜。

3. 光周期现象在生产上的应用

（1）日照长短对黄瓜开花没有影响，但对黄瓜雄雌花比例有影响，日照短利于雌花形成。

（2）需要说明的是短光性蔬菜，对光照时数的要求不是关键，而关键在于黑暗时间长短，对发育影响很大；而长光性蔬菜则相反，光照时数至关重要，黑暗时间不重要，甚至连续光照也不影响其开花结实。

（3）光照时间的长短对花卉开花有影响：唐菖蒲是典型的长日照花卉，要求日照时数达13~14小时以上花芽才能分化；而一品红与菊花则相反，是典型的短日照花卉，光照时数小于10~11小时，花芽才能分化。设施栽培可以利用此特性，通过调控光照时数达到调节开花期的目的。一些以块茎、鳞茎等贮藏器官进行休眠的花卉如水仙、仙客来、郁金香、小苍兰等，其贮藏器官的形成受光周期的诱导与调节。

（4）果树因生长周期长，对光照时数的要求主要是年积累量，如杏要求年光照时数2500~3000小时，樱桃2600~2800小时，葡萄2700小时以上，否则不能正常开花结实。

以上结果说明光照时数对作物花芽分化，即生殖生长（发育）影响较大。设施栽培光照时数不足往往成为限制因子，因为在高寒地区尽管光照强度能满足要求。但1天内光照时间太短，不能满足要求，一些果菜类或观花的花卉若不进行补光就难以栽培成功。

（三）园艺植物对光质的要求

一年四季中，光的组成由于气候的改变有明显的变化。如紫外光的成分以夏季的阳光中最多，秋季次之，春季较少，冬季则最少。夏季阳光中紫外光的成分是冬季的20倍，而蓝紫光比冬季仅多4倍。因此，这种光质的变化可以影响到同一种植物不同生产季节的产量及品质。

1. 首先介绍光的组成成分

可见光在390~760nm，占太阳光的50%；

红外光>760nm，占太阳光的48%~49%：

紫外光在290~390nm，占太阳光的1%~2%。

2. 不同光质光的作用

（1）红外光：红外光主要是产生热量，特别是大于1000nm的红外光是产生热量的主要光源。

（2）紫外光：紫外光有抑制植物生长的作用；紫外光对植物体内维生素C的含量影响大，紫外光越强维生素C含量越高；紫外光对果实着色也有很大影响，因为果实着色与维生素C含量有很大关系。

玻璃温室栽培的番茄、黄瓜等其果实维生素C的含量往往没有露地栽培的高，就是因为玻璃阻隔紫外光的透过率，塑料薄膜温室的紫外光透光率就比较高。光质对设施栽培的园艺作物的果实着色有影响，颜色一般较露地栽培色淡，如茄子为淡紫色。番茄、葡萄等也没有露地栽培的风味好,味淡,不甜。例如,日光温室的葡萄、桃、塑料大棚的油桃等都比露地栽培的风味差,这与光质有密切关系。

表2-1　光质对作物产生的生理效应

| 光谱/纳米 | 植物生理效应 |
| --- | --- |
| >1000 | 被植物吸收后转变为热能,影响有机体的温度和蒸腾情况,可促进干物质的积累,但不参加光合作用 |
| 1000~720 | 对植物伸长起作用,其中700~800nm辐射称为远红光,对光周期及种子形成有重要作用,并控制开花及果实的颜色 |
| 720~610 | (红、橙光)被叶绿色强烈吸收,光合作用最强,某种情况下表现为强的光周期作用 |
| 610~510 | (主要为绿光)叶绿素吸收不多,光合效率也较低 |
| 510~400 | (主要为绿光)叶绿素吸收不多,光合效率也较低 |
| 400~320 | 起成形和着色作用 |
| <320 | 对大多数植物有害,可能导致植物气孔关闭,影响光合作用,促进病菌感染 |

3. 植物对光质的利用情况

植物光合器官中的叶绿素吸收太阳光中的红橙光、蓝紫光最多,这两种光也是植物光合作用旺盛进行所需要的光源。

由于农业设施内光分布不如露地均匀,使得作物生长发育不能整齐一致。同一种类品种、同一生育阶段的园艺作物长得不整齐,既影响产量,成熟期也不一致。弱光区的产品品质差,且商品合格率降低,种种不利影响最终导致经济效益降低,因此设施栽培必须通过各种措施尽量减轻光分布不均匀的负面效应。

### 三、设施内光照环境的调控

(一)影响光照环境的因素

1. 设施的形状、造型

形状与造型是影响温室采光的最重要的因素,如图2-4所示。

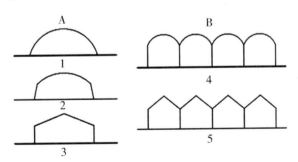

图2-4　塑料薄膜大棚的类型

(1)、(2)、(3)为单栋大棚;(4)、(5)为连栋大棚

**2. 骨架材料**

东西走向大棚的横拉杆遮阴,对光照影响最大,阴影带不变化,因此横拉杆不能太粗。横拉杆在整个季节的影响不变,不像竖杆的阴影在一天中是变化的,影响没有横拉杆大。

**3. 塑料膜和透明覆盖物**

(1)目前主要使用的塑料膜和透明覆盖物:聚氯乙烯(PVC)、聚乙烯(PE)薄膜、PO膜、乙烯—醋酸乙烯共聚物(EVA)农膜、氟素农膜、聚碳酸酯板(PC板)、玻璃等。

①塑料薄膜

聚氯乙烯(PVC):透光率85%(高),保温性能好,比重大,伸缩性能好,耐老化,易产生静电吸尘,价格高。因为在聚氯乙烯中使用了增塑剂,使该膜在见光后产生$Cl_2$气体,对植物产生毒害作用。

聚乙烯(PE):透光率75%(相比PVC透光率低),保温性一般,比重小,伸缩性能差,不耐老化,不易产生静电吸尘,价格低。

乙烯—醋酸酯膜(EVA):性能介于二者之间,是一种复合膜,具有三层,从上到下分别是防尘、保温、防滴,如图2-5所示。

防尘
保温
防滴

图2-5 EVA 结构图示

聚对苯二甲酸乙二醇酯(PET):是一种新膜,在日本应用推广多年,也称为涤纶。PET薄膜是双向拉伸聚酯薄膜,具有强度高、刚性好、透明、光泽度高等特点,并具有耐磨性、耐折叠性、耐针孔性和抗撕裂性,以及抗老化性。

②玻璃纤维板材

FRP:不饱和聚酯玻璃纤维,厚度0.7~0.8mm,可以用10年左右,该材料透光率不是很好。

PRA:聚丙烯树脂,不耐火,可以用15年左右。

MMA:丙烯树脂,厚度1.3~1.7mm,效果好,具有高透光率的特点,保温性较好,被污染少,透光率的衰减慢,但是价格高。

(2)覆盖物的弊端:覆盖物的主要作用是保温和透光,但是覆盖物也存在不足之处。首先易受污染,其次设施内外温差大的时候结露水,还有就是老化的问题。老化快就增加了成本。

PC板材:聚碳酸树脂,又称阳光板。厚度0.8~1mm,两层中间有空隙,间距6~10mm,保温性能比较好(因中间空气不与外界气体交流,比空心墙的效果要好)。PC的透光率是90%,透光率10年衰减2%。重量比玻璃轻一倍。使用期在15年左右,不容易破裂,用刀也难划开。具有阻燃、防露水的特性。是从1999年开始使用至今的最新材料，就是成本高。

表2-2　2005年9月PET、PC等原材料同期市场价格

| 品名 | 价格（元/t） | 品名 | 价格（元/t） |
|---|---|---|---|
| PET（聚对苯二甲酸乙二酯） | 11000 | LDPE（低密度聚乙烯） | 7000 |
| PC（聚碳酸酯） | 30500 | PVC（聚氯乙烯） | 6500 |
| EVA（乙烯—醋酸乙烯共聚物） | 15000 | PP（聚丙烯） | 9500 |
| LLDPE（线型低密度聚乙烯） | 9600 | PA66　（聚酰胺） | 27000 |
| HDPE（高密度聚乙烯） | 7000 | PMlVIA（聚甲基丙烯酸甲酯） | 20000 |

4. 方位

方位的定义：温室的方位是指其长方向的法线与正南方向的夹角。

5. 农事操作和栽培方式

（二）设施内光照环境的调控

温室是采光建筑，因而透光率是评价温室透光性能的一项最基本指标。透光率是指透进温室内的光照量与室外光照量的百分比。温室透光率受温室透光覆盖材料透光性能和温室骨架阴影率的影响，而且随着不同季节太阳辐射角度不同，温室的透光率也在随时变化。温室透光率的高低就成为作物生长和选择种植作物品种的直接影响因素。一般，连栋塑料温室透光率在50%~60%，玻璃温室的透光率在60%~70%，日光温室可达到70%以上。调控温室内光的措施有如下几种方法。

1. 改善光照

（1）选择好适宜的建筑场地及合理建筑方位：确定的原则是根据设施生产的季节，当地的自然环境，如地理纬度、海拔高度、主要风向、周边环境（有否建筑物、有否水面、地面平整与否等）。

（2）设计合理角度的大棚：单屋面温室主要设计好后屋面仰角，前屋面与地面交角，后坡长度，既保证透光率高也兼顾保温。连接屋面温室屋面角要保证尽量多进光，还要防风、防雨（雪），使排雨（雪）水顺畅。

（3）合理的透明屋面形状：生产实践证明，拱圆形屋面采光效果好。

（4）选用适合的经济适用的材料（包括骨架材料、覆盖物）：在保证温室结构强度的前提下尽量用细材，以减少骨架遮阴，梁柱等材料也应尽可能少用，如果是钢材骨架，可取消立柱，对改善光环境很有利。

（5）选用透光率高且透光保持率高的透明覆盖材料：我国以塑料薄膜为主，应选用防雾滴且持效期长、耐候性强、耐老化性强等优质多功能薄膜，漫反射节能膜、防尘膜、光转换膜。大型连栋温室，有条件的可选用PC板材。

（6）合理的管理和应用。

①冬季拉、放帘子要选择合适的时间，应该根据天气（温度的高低）确定，不能固定好时

间拉、放帘子。原则是在保证温度的前提下最大程度地延长光照时间。

②利用反光幕、反光膜，把反光幕以一定的角度挂在温室的后墙上，角度不用算只要能把光反在作物上就行，反光材料大多数用铝箔。在冬季的时候利用反光是最好的。在没有反光幕的时候，可以把后墙涂白，来增加反光效应。

③覆盖地膜：覆盖地膜的前提条件是一定要稀植，种植密度比平时小。覆盖地膜后地温提高迅速，生长速度快。密度大使作物在后期相互遮阴。

④设施内种植一般不密植，否则植株相互遮阴，作物得到的光照更少，因此要稀植。

⑤选用适合设施栽培的耐弱光的品种。

⑥采用有色薄膜，人为地创造某种光质，以满足某种作物或某个发育时期对该光质的需要，获得高产、优质。但有色覆盖材料其透光率偏低，只有在光照充足的前提下改变光质才能收到较好的效果。

⑦保持透明屋面清洁，使塑料薄膜温室屋面的外表面少染尘，经常清扫以增加透光，内表面应通过放风等措施减少结露（水珠凝结），防止光的折射，提高透光率。

（7）人工补光：生产上大面积使用的话，耗能多、生产成本高，在实际生产中很少采用。比如，8个日光灯管并排照明，只能满足$1m^2$作物的光补偿点，想要满足生产照明，需要耗费的能源太多。人工补光在生产上大面积使用不切实际。人工补光大多用在育苗上，高纬度地区育苗多数情况下需要补光。补光处理的时间：在下午太阳落山之前补光，不能等天完全黑了之后补光。因为天黑之后，叶片气孔关闭，植物处在依赖储存的$CO_2$进行光合作用的暗反应阶段，即使补光也不能进行光合作用。如果在气孔关闭后再补光，至少2小时后气孔才会重新开放，补光的效果不明显。

人工补光时一定要注意调节温度，在不能满足光照的时候不能把温度升得过高，如果光照不足而温度过高时，作物呼吸作用大于光合作用，不利于生长发育。

2. 遮光

（1）遮光的目的：一是减弱保护地内的光照强度；二是降低保护地内的温度。

北方的蔬菜设施生产中遮光应用很少，最多在8月份育苗时需要遮光，目的是降低光照强度和温度。北方设施中花卉栽培和生产中应用遮光设施的较多，特别是喜阴的花卉。南方，遮光时间较多。

遮光除了具有减少光照强度、降低温度的作用外，还可以用来调节花期，在蔬菜上用于生产韭黄、蒜黄等软化栽培的蔬菜。

（2）遮光的方法：目前使用最多的是遮阳网，有黑色、灰色、白色的。遮阳网的密度不同，遮光率也不同，有30%、60%、80%、90%等不同规格。

灰色遮阳网除遮阳外还具有除蚜的作用。遮阴的土办法有把覆盖物涂白，在覆盖物上撒草，可以放帘子遮阴。在食用菌的栽培中大多是盖草帘子。

# 第二节　温度特点及其调控

## 一、园艺作物对温度的要求

温度的规律和在栽培上的温度管理已经早被人类掌握了,而且也是在管理中最被重视的。

园艺作物生长对温度的基本要求,有三个基本点,即在自然条件下:

生长最低温度:10℃左右;

生长最适温度:20~28℃;

生长最高温度:35℃左右,在设施中温度最高能达到50~60℃。

### (一)作物温度要求分类

在自然条件下,按照作物对温度要求的不同,将作物分为:耐寒性、半耐寒性、喜温性三种;也可以细分为耐寒性、半耐寒性、喜温性、耐热性、抗热性五种。

1. 耐寒性园艺作物:生长适宜温度是10~15℃,可以短时间忍耐-5~-8℃低温,最高温度不超过25℃,短时间超过30℃还可以生长,不同作物对逆境的适应能力不同。

花卉:三色堇、金鱼草、蜀葵;

蔬菜:菠菜、韭菜、甘蓝、大葱;

果树:葡萄、李子、杏、桃、黄太平。

在日光温室内可进行耐寒类蔬菜的周年生产,像北京以南的比较暖和的省市,可以在小棚、阳畦内越冬生产耐寒类蔬菜。

2. 半耐寒性蔬菜:这类蔬菜生长的适宜温度是18~25℃,短时间能耐-1~-2℃的低温。

花卉:金盏菊、紫罗兰;

蔬菜:萝卜、白菜、豌豆、莴苣、蚕豆;

果树:没有明显的分界。

3. 喜温性(包括耐热植物):生长最适温度是25~35℃,当温度低于10℃的时候,生长就会受到影响,当温度降到0℃的时候生长停止,换句话说就是不耐0℃低温。(注:能不能耐0℃的低温,还与苗子的状况有关,一般来说苗期的抗旱性要比花期、果期强,经过抗旱锻炼的苗子抗寒性高。例子:温室内-3℃时能把苗子冻死,主要原因是苗子没有经过抗寒锻炼;在巴音淖尔盟经过锻炼的甘蓝苗子能耐-8℃的低温)

花卉:瓜叶菊、茶花、报春花;

蔬菜:瓜类——丝瓜、甜瓜、黄瓜;豆类——刀豆、豇豆;茄果类——西红柿;

果树有: 香蕉、荔枝、龙眼等热带果树。

(二)温度对作物的影响

1. 温度对植物吸收能力的影响

温度过低主要指地温, 会影响植物根系的吸收能力。地温太低, 土壤中溶液的流动性差, 植物根系的活动能力减弱, 从而使根系的根毛区吸水吸肥能力降低。

例子: 黄瓜在低于15℃的时候, 其根毛死亡, 不能吸水吸肥; 一定长时间内低温, 黄瓜的顶芽被花芽取代, 花芽大多数是雌花, 即"花打顶"现象。新兴的生物信息学研究, "花打顶"现象是植物把低温信号传导至顶芽做出的反应。

2. 温度影响作物的光合作用

光合过程中的暗反应是由酶所催化的化学反应, 而温度直接影响酶的活性, 因此, 温度对光合作用的影响也很大。除了少数的例子以外, 一般植物可在10~35℃下正常地进行光合作用, 其中以25~30℃最适宜, 35℃以上时光合作用就开始下降, 40~50℃时即完全停止。在低温中, 酶促反应下降, 故限制了光合作用的进行。光合作用在高温时降低的原因, 一方面是高温破坏叶绿体和细胞质的结构, 并使叶绿体的酶钝化; 另一方面是在高温时, 呼吸速率大于光合速率, 因此, 虽然光合速率增大, 但因呼吸速率的牵制, 表观光合速率便降低。

在强光、高$CO_2$浓度下, 温度对光合速率的影响比在低$CO_2$浓度下的影响更大, 因为高$CO_2$浓度有利于暗反应的进行。

昼夜温差对光合净同化率有很大的影响。白天温度较高, 日光充足, 有利于光合作用进行; 夜间温度较低, 可降低呼吸消耗。因此, 在一定温度范围内, 昼夜温差大, 有利于光合产物积累。

3. 低温影响呼吸作用

温度通过影响呼吸酶的活性从而影响呼吸作用的强度。在一定温度范围内, 呼吸作用强度随温度的上升而增加, 超过一定限度, 呼吸作用强度下降, 甚至呼吸作用停止。

4. 温度对植物蒸发作用的影响

在高温和高光强的条件下, 植物的蒸腾作用强烈, 蒸腾拉力是植物吸水的动力, 温度降低的过程中植物不但吸水作用受阻而且吸肥能力也受到影响, 也就是说温度通过影响蒸腾作用影响到根系的吸水吸肥的能力。

5. 温度对花芽分化的影响

许多越冬性植物和多年生木本植物, 冬季低温是必需的, 满足必需的低温才能完成花芽分化和开花。这在果树设施栽培中很重要, 在以提早成熟为目的时, 如何打破休眠, 是果树设施栽培的首要问题, 这就需要掌握不同果树解除休眠的低温需求量。见表2-3。

表2-3  几种果树解除休眠的低温需求量（℃）

| 树种 | 低温需求量 | 树种 | 低温需求量 |
|------|-----------|------|-----------|
| 桃 | 750~1150 | 欧洲李 | 800~1000 |
| 甜樱桃 | 1100~1300 | 杏 | 700~1000 |
| 葡萄 | 1800~2000 | 草莓 | 40~1000 |

果树解除休眠需要7.2℃以下一定低温的积累。

## 二、设施内的温度特点

### 1. 热量的来源

设室内的热量主要来源于光、加温、生物活动。光产生的热量——温室效应，光能转换为热能。生物活动是微生物发酵产生的热量。

### 2. 温差

定义——由于光照的不均衡性造成温度在一天内、一年内的变化趋势。一般常指昼夜温差。

温差在一定的变化范围内，对植物的生长有积极的作用。西瓜、甜瓜在一定的温差范围内生长，物质积累好，瓜甜。番茄有一定温差范围可以很好地生长，没有温差不利于生长，比如南方的番茄果实品质差、果实长不大。但温差也不能过大，温度变化剧烈会引起作物生长受阻。

变温管理：对于蔬菜作物，变温控制是目前较理想的管理措施。一天中通过变温控制，白天使作物进行旺盛的光合作用，日落后又促使光合产物转移，并尽量减少呼吸消耗，以增加产量。晴天，白天日出后应维持光合作用适宜温度，经过数小时，当温度超过界限温度时，又应及时通风换气，防止高温障碍。傍晚后，室内温度急剧下降，前半夜的数小时应保持较高温度，促进光合产物的转移，后半夜降至较低温度时应抑制呼吸消耗。这样可大大提高蔬菜的产量。

### 3. 设施内热的收支状况

（1）收：主要来源于太阳能。

（2）支：

①贯流放热（设施内热量最大的流失）：通过后坡、后墙等所有设施材料等传导放热。传导放热的量与材料的质地、设施内外的温差梯度成正比关系。

②缝隙放热：通风换气的过程中散失热量，以及门、窗以及设施密封不严的热量损失。

③地中传热：通过土壤向外辐射热量。

以上是温室大棚主要散热途径，3种传热量分别占总散热量的70%~80%，10%~20%和10%以下。

④潜热: 指水、气发生蒸发和凝结的过程中热量的吸收和释放。水蒸发成气体时放热, 相反气体凝结成水时要吸收热量。

各种散热作用的结果, 使单层不加温温室和塑料大棚的保温能力变小。即使气密性很高的设施, 其夜间气温最多也只比外界气温高2~3℃。在有风的晴夜, 有时还会出现室内气温反而低于外界气温的逆温现象。

4. 温度的分布(与光照有类似的地方)

设施内温度分布的不均匀性。一般情况下, 白天上面高、下面低, 而夜间则相反, 上面低、下面高。日光温室内的光照、温度分布不均匀, 南北走向温室温度分布差异更大。

另外, 设施中栽培上架的作物, 架子的高度应该确定成多高呢?这要根据作物在什么温度范围内生长最好, 温室内多高的位置在这个温度范围中, 那么架子就确定在这个高度上。温室的高度设计中就有这个问题, 温室空间的高度对温度的形成有一定影响, 而这个温度是在作物适宜生长的范围之内。

### 三、设施内温度调控措施

1. 保温措施

设施建设的材料确定之后, 我们要从减少贯流放热、通风散热上想办法保温。

(1)保温原理

①减少向设施内表面的对流传热和辐射传热;

②减少覆盖材料自身的热传导散热;

③减少设施外表面向大气的对流传热和辐射传热;

④减少覆盖面的漏风而引起的换气传热。具体方法就是增加保温覆盖的层数, 采用隔热性能好的保温覆盖材料, 以提高设施的气密性。

(2)具体的保温措施

①从墙体厚度、后坡的隔热层上着手改善。

②膜与外保温覆盖物: 除膜的质量之外还有减少膜的污染和结水珠的问题;保温覆盖物有帘子的质量、帘子的通风状况等。

③密封技术。

④在温室内进行内部覆盖, 多层覆盖: 采用大棚内套小棚、小棚外套中棚、大棚两侧加草苫, 以及固定式双层大棚、大棚内加活动式的保温幕等多层覆盖方法, 都有较明显的保温效果。具体方法有:

二层幕: 又叫保温幕, 保温幕的材料大多是无纺布等。

二层覆盖: 对于不搭架的作物, 如辣椒、茄子、绿叶菜类等可以在寒流之前搭小拱棚, 番茄和黄瓜等上架作物可在搭架之前进行二次覆盖。

小拱棚上再覆盖保温被、废弃的毯子等：这种方法比设施外覆盖的好处是可以放风，而且操作方便，弊端就是只能适用于低矮的作物。

三类保温覆盖方式如图2-6所示。

 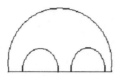 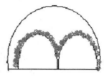

**图2-6 保温覆盖方式**

⑤增大保温比：适当减低农业设施的高度，缩小夜间保护设施的散热面积，有利于提高设施内昼夜的气温和地温。加温耗能是温室冬季运行的主要障碍。提高温室的保温性能，降低能耗，是提高温室生产效益的最直接手段。温室的保温比是衡量温室保温性能的一项基本指标。

保温比的概念：温室保温比是指热阻较大的温室围护结构覆盖面积同地面积之和与热阻较小的温室透光材料覆盖面积的比。保温比越大，说明温室的保温性能越好。

⑥增大地表热流量

第一，增大保护设施的透光率，使用透光率高的玻璃或薄膜，正确选择保护设施方位和屋面坡度，尽量减少建材的阴影，经常保持覆盖材料的干洁。

第二，减少土壤蒸发和作物蒸腾量，增加白天土壤贮存的热量，土壤表面不宜过湿，进行地面覆盖也是有效措施。

第三，设置防寒沟，防止地中热量横向流出。在设施周围挖一条宽30cm，深与当地冻土层相当的沟，沟中填入稻壳、蒿草等保温材料。对于钢拱架温室，防寒沟的设置使拱脚不稳定而产生位移，因此一般不挖防寒沟。

2. 加温措施

发展方向是：尽量避免用能源加热，如煤炭、原油等价格较高的能源，以自然加热为主要发展方向。目前在黑龙江省已经建起太阳能日光温室。加热方式以能源的类型不同划分为以下三种。

（1）太阳能加热：利用太阳能将水加热，再通过分布于温室的循环管把热量传送至土壤。把温室的后墙涂黑，也能够吸收太阳能，并将其转化为热量。

（2）酿热增温：利用温床的原理产生热量。

在畦子内挖深沟，底部填埋酿热物30～50cm，上面覆草，再填土，种植，覆地膜，采用膜下暗灌。酿热物上填土的厚度依据作物的生长发育阶段和作物的种类而定，苗期有10～15cm的土层即可，苗期的根系大多在10cm以内生长，如果酿热物是缓效性的，那么在作物中后期生长过程中10cm的土层就有些薄，应加厚土层。如油菜、菠菜、香菜、芹菜、韭菜的根系较浅，土层厚度满足根系生长即可，总之酿热物的热量以不要伤害到作物根系的生长为准则。见图2-7。

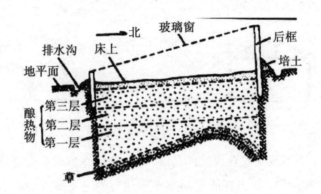

图2-7　酿热温床示意图

（3）利用能源加热

目前，多数用水暖加热，但是煤的利用率低，只有60%~70%，水暖加热慢，不能迅速达到要求的温度，还有就是较高。以前还有一些土办法，利用火墙、火炉加热，这种设备的加热效率更低，只有30%~40%。

现在国外常用的加热设备是热风炉，国内也有热风炉。国内的热风炉以煤为燃料，通过热风在螺旋延长的管道中循环达到加热的目的，加热产生的热量与炉子的大小相关，这种设备只能防治冻害的发生，用于加温生产不理想。国外的热风炉燃料以天然气、白煤油为主，加热系统用计算机控制，在温室内直接燃烧，特性是热量散失快，燃放产生的$CO_2$能增加温室$CO_2$的含量，达到$CO_2$施肥的作用。唯一的不足是造价高。

3. 降温措施

（1）放风：北方地区最简单、有效的降温措施方法是放风。在春夏季温度较高的时候，北方地区设施内的温度高于大气温度。

（2）遮光：目的是减少太阳光带来的热量，达到降温的目的。

（3）喷水喷雾：造价高的温室措施有喷淋系统，即用水降温。利用水蒸发吸收热量的原理降温，还有水膜既可以吸热又能反光。

（4）强制通风降温：最大的弊端是消耗能量，成本高，见图2-8。

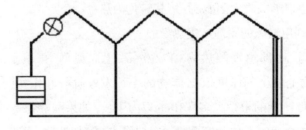

图2-8　强制通风示意图

这种通风散热装置的优点:一使进入温室的空气既湿又凉;二避免病菌和昆虫进入,达到防病的目的。在日光温室放风的时候,与防虫网同用防病效果更好。电价低的地区使用成本低且效果好。

# 第三节　湿度条件及其调控

通常指空气湿度(包括水分),水分是植物生长发育必不可少的重要条件。但是目前人口众多,水资源缺乏,必须从保证植物有足够水分用来生长的角度出发,控制设施内空气、土壤湿度。

**一、湿度对园艺作物生长发育的影响**

1. 水是矿物质及植物所需肥料的溶剂,这些物质只有溶于水中才能被植物吸收利用。水也是植物体内发生各种生化反应的介质,水参与各种生化反应,如光合作用、呼吸作用等重要途径中水既是反应物又是介质。用老农民的话说:水是根的腿,根是苗的嘴。水能促进肥的吸收(矿物质、有机物质在水中被水解成离子后才能被吸收),将肥运输到根的周围。

2. 园艺产品的器官,大多数柔嫩多汁、含水量高。水分的多少直接影响产品的品质和价值,水是园艺产品质量的基本保证。花卉在缺水的时候花期变短,花的颜色也改变。

3. 水分直接影响土壤的物理特性,从而影响根系的吸收,进一步影响植物地上部分的生长发育。

水分多、土壤中缺乏$O_2$,而使根系呼吸作用受到抑制,呼吸作用先上升后下降直到死亡。在生产中如果缺水会出现以下情况:

①苗子徒长、叶片黄化、自花、茎断裂、叶片萎蔫、叶片失水,这都是由于过度失水引起的变化。

②黄瓜"花打顶"现象,这是由于缺水引起瓜类作物体内苦味素分泌增加,导致生长点被花芽取代。

4. 园艺作物对水分的需求

(1)按照作物对水分的要求不同分成三类

①耐旱植物:特征——耐旱植物有两大特征,一是根系发达、吸水力强;二是叶片蒸发少,消耗水分少。

代表植物:

果树:杏树、石榴、无花果、葡萄和枣等;

蔬菜:南瓜、西瓜、甜瓜、葱蒜类、石刁柏;

花卉:仙人掌科、景天科植物。

举例说明:葱蒜类无根毛、须根系,蒸发面积小,叶表面有白蜡粉;西瓜、南瓜、甜瓜叶片掌状,表面有白粉状物质以阻止水分蒸发;阿拉善盟地区的植物叶片已经退化成针状,叶色为灰白色,把叶子切开,内部是绿色的、水分含量多于表层;果树的根系发达,扎根较深,叶片表皮蜡质或粉质,如杏、桃、李子、无花果。

仙人掌科植物的叶片已经退化成针状,为了减少蒸发以适应沙漠的环境;景天科植物叶片表层分泌有蜡质、粉质物以减少蒸发;相反韭菜原产于西伯利亚,这里是海湾地带,风大,其特性是适应环境的结果,根毛退化成须根系,叶片柔嫩。

②湿生植物:特征——根系吸水能力减弱,叶片薄而大,水分蒸发消耗量大,多原产于热带、沼泽地带。

代表植物:

蔬菜:芋、莲藕、菱、芡实、莼菜、慈姑、茭白、水芹、蒲菜、豆瓣菜和水蕹菜等;

花卉:荷花、睡莲、凤梨科、菊科、兰科。

这类植物在生产管理中一定要予以高湿度的管理。

③中生植物:特征——不耐旱、不耐涝,大多数园艺作物都属于中生植物,一般旱地栽培要求经常保持土壤湿润。

代表植物:

果树:苹果、梨、樱桃、柿子、柑橘;

蔬菜:根菜类、茄果类、瓜类、豆类、叶菜类;

大多数花卉。

(2)作物对空气湿度的要求

设施内的空气湿度是由土壤水分的蒸发和植物体内水分的蒸腾,而且在设施密闭情况下形成的。表示空气潮湿程度的物理量,称为湿度。通常用绝对湿度和相对湿度来表示。设施内作物由于生长势强,代谢旺盛,作物叶面积指数高,通过蒸腾释放出大量水蒸气,在密闭情况下水蒸气很快达到饱和,空气相对湿度比露地栽培要高得多。高湿,是农业设施湿度环境的突出特点,特别是设施内夜间随着气温的下降相对湿度逐渐增大,往往能达到饱和状态。

蔬菜是我国设施栽培面积最大的作物,多数蔬菜光合作用适宜的空气相对湿度为60%~85%,低于40%或高于90%时,光合作用会受到阻碍,从而使生长发育受到影响。不同蔬菜种类和品种以及不同生育时期对湿度要求不尽相同,其基本要求大体见表2-4。

表2-4  蔬菜作物对空气湿度的基本要求

| 类型 | 蔬菜种类 | 适宜相对湿度（%） |
|---|---|---|
| 较高湿型 | 黄瓜、白菜类、绿叶菜类、水生菜 | 85~90 |
| 中等湿型 | 马铃薯、豌豆、蚕豆、根菜类（胡萝卜除外） | 70~80 |
| 较低湿型 | 茄果类 | 55~65 |
| 较干湿型 | 西瓜、甜瓜、胡萝卜、葱蒜类、南瓜 | 45~55 |

## 二、空气湿度及调控

1. 设施内空气湿度的形成及特点

空气湿度（自然界）在大田、露地受自然环境的调控。设施内由于覆盖，空气与外界的交流被阻止，设施内空气湿度形成的主要来源是：

（1）地面蒸发，这部分占的比例最大。由于设施内外温差大，使设施内的水分由气态变为液态，水滴落在地面上，再被蒸发；

（2）植物本身的叶片蒸发的水分；

（3）地表灌水时表面蒸发的水分。

湿度变化的规律（相对湿度）：日变化随气温的变化而变化，温度升高湿度降低。中午温度最高，湿度最低；夜间和早晨温度最低，湿度较高。夏季湿度容易调节；冬季由于覆盖，遮阴使湿度在一天内的变化不大，又不能防风所以湿度不容易调节。

湿度大对作物生长的影响：水气在叶片表面上形成水珠，结露，这种情况容易引起病害。

2. 湿度的调控

（1）降低湿度（除湿）

①除湿的目的：

a. 降低湿度，减少病害；

b. 湿度过大，叶片蒸腾作用受到阻碍，进一步影响植物水分的运输（蒸腾拉力是植物水分运输的主要动力）。

②降低湿度的方法：

a. 最简单的方法就是放风，但是放风必须是在适宜的季节，冬季、阴雨天都不适合放风；

b. 强制除湿，通过循环系统抽气—干燥—排放的步骤，这种办法消耗能源大，不适于大面积生产。还有北方高寒地区，可以通过升高设施内的温度达到降低湿度的目的。

c. 科学灌溉：地面覆盖地膜可阻止土壤中水分的蒸发，同时配套使用膜下暗灌的灌水方式，如滴灌（见图2-9）、渗灌。覆盖地膜特别适用于冬季温室生产，这种方法既能有效地反射太阳光，又能增加地温、除草、保水（保水的同时也降低了设施内的湿度），是一种有效提高产量的栽培措施。

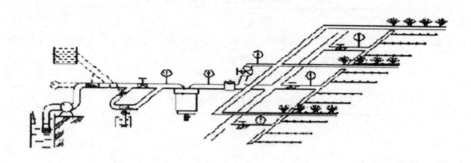

图2-9　滴灌示意图

（2）增加湿度（加湿）

空气太干燥也不利于植物生长，特别是对原产于热带、沼泽、阴暗地带的植物，如花卉中的观叶植物不适应干燥的气候。加湿的方法有喷雾加湿，可以使用喷淋设备或喷灌，一般大型的连栋温室都有喷雾装置；也可以人工喷雾。

### 三、土壤湿度的调控

主要是通过灌水、锄地来调控。

设施内环境是处于一种半封闭状态的系统，空间较小，气流稳定，隔断了天然降水对土壤水分的补充，因此，设施内土壤表层水分欠缺时，只能由土壤深层通过毛细管上升水予以补充，或采取灌溉技术措施予以解决。

（一）设施内不同植物对土壤湿度的要求

园艺作物需水量较多，对水分敏感，但园艺作物的需水要求各不相同，主要取决于其地下部分对土壤水分的吸收能力和地上部分水分的消耗量。

1. 蔬菜对设施内土壤湿度的要求

在蔬菜的生长发育过程中，任何时期缺水都将影响其正常生长。蔬菜在发育过程中缺水时，植株萎蔫，气孔关闭，同化作用停止，木质部发达，组织粗糙，纤维增多，苦味增加，若严重缺水，则会使细胞死亡，植株枯死。但是，若连续一段时间土壤水分过多，土壤湿度过大，超过了蔬菜生育期的耐渍和耐淹能力，也会造成蔬菜产量下降，减少蔬菜中的营养含量，香味不浓，品质降低，收获后产品容易腐烂，不耐贮藏，甚至植株死亡。（表2-5）

表2-5　各种蔬菜对土壤水分的要求

| 蔬菜种类 | 特点及对土壤水分的要求 |
|---|---|
| 藕、茭白、慈姑、荸荠等 | 根群不发达，吸收水分能力弱，叶保护组织不发达，蒸腾率大，消耗水分极多，需水田栽培，要求多雨而湿润的气候 |
| 黄瓜、大白菜、甘蓝、莴笋、芥菜、萝卜及绿叶菜等 | 根群分布浅，叶蒸腾面积大，消耗水量多，需水量较大，要求土壤湿度较高，栽培上必须经常浇水 |

续表

| 蔬菜种类 | 特点及对土壤水分的要求 |
|---|---|
| 葱蒜类、石刁柏 | 根群不发达,分布浅,为弦状根,无根毛,叶为管状叶,表面具有蜡粉(石刁柏叶退化成鳞片并为叶状枝所代替),叶面蒸腾量不大,消耗水分少,但要求土壤湿度较高,尤其是食用器官生长时期,栽培上必须经常浇水,保持土壤湿润,但量要少些 |
| 西葫芦、豆类、番茄、辣椒、马铃薯、胡萝卜等 | 根群发达,分布深,能利用较深层土壤水分,虽然叶面蒸腾量很大,消耗水分,但较耐旱,要求适中的土壤湿度,栽培上仍需经常浇水 |
| 南瓜、西瓜、甜瓜 | 根群强大,分布很深,吸水力强,叶具缺裂、蜡粉或茸毛可减少叶面蒸腾,消耗水分较少,耐旱性强,较低的土壤湿度即能满足要求,栽培上可少浇水 |

蔬菜各生育时期对土壤水分的要求:

(1)幼苗期。蔬菜苗期组织柔嫩,对土壤水分要求比较严格,过多过少都会影响苗期正常生长。

(2)开花结果期。一般果菜类从定植到开花结果,土壤含水量要稍微低些,避免茎叶徒长。但在开花或采收期,如果水分不足,子房发育受到抑制,又会引起落花或畸形果。

土壤水分多少直接关系到植物的营养条件,对开花结实有间接的影响。不管是黄瓜、番茄、茄子,以及叶菜类,在进入结果期和采收期后,均需要较高的土壤水分。

2. 花卉对土壤湿度的要求(表2-6)

表2-6　各种花卉对土壤水分的要求

| 种　类 | | 特点及对土壤水分的要求 |
|---|---|---|
| 湿生花卉 | 水仙、马蹄莲、蕨类、龟背竹、旱伞草、海芋、竹节万年青、何氏凤仙、鸭跖草 | 叶大而薄,柔嫩且多汁,角质层不厚,蜡质层不明显,根系分布浅且分枝少,需要在十分潮湿的环境中生长 |
| 较耐旱的中性花卉 | 桂花、白玉兰、海棠花、石榴、月季、米兰、扶桑 | 要求在土壤比较湿润而又有良好的排水条件下生长,过干和过湿的环境对其生长都不利。一般保持60%的土壤含水量 |
| 较耐湿的中性花卉 | 腊梅、夹竹桃、迎春花 | |
| 旱生花卉 | 仙人掌、景天、龙舌兰、石莲花、虎刺梅 | 耐旱怕涝,所以对土壤湿度要求特别低,宁干勿湿 |

(二)设施土壤湿度的调控

1. 浇水时间

按照作物需水时期和需水量明确灌水时间。作物的不同生长阶段,对水分的需求不同,营养生长期一定要按照生理指标合理浇水,分苗之后什么时候浇,炼苗时怎么浇,定植后什么时候浇,都有各自的生理指标。比如开花期要控制水量,结果期大量浇水。

但是浇水还要根据作物生长状况、季节、土壤墒情决定浇水与否,不能照搬书本。在夏季高温、干旱的时候多浇水。原则是通过土壤调节根系对水分的吸收。

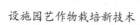

2. 灌水量

根据作物生长状况、季节、土壤墒情决定浇水量。

3. 灌水方式

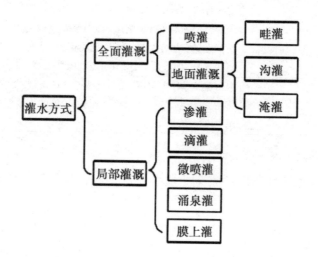

（1）滴灌：由地下灌溉发展而来，是利用一套塑料管道系统将水直接输送到每棵植物的根部，水由每个滴头直接滴在根部上的地表，然后渗入土壤并浸润作物根系最发达的区域。其突出优点是非常省水，自动化程度高，可以使土壤湿度始终保持在最优状态。但需要大量塑料管，投资较高，滴头极易堵塞。把滴灌毛管布置在地膜的下面，可基本上避免地面无效蒸发，称之为膜下滴灌。

（2）喷灌：是利用专门设备将有压力的水输送到灌溉地段，并喷射到空中分散成细小的水滴，像天然降雨一样进行灌溉。其突出优点是对地形的适应性强，机械化程度高，灌水均匀，灌溉水利用系数高，尤其适合于透水性强的土壤，并可调节空气湿度和温度。但基建投资较高，而且受风的影响大。

（3）渗灌：是利用修筑在地下的专门设施（地下管道系统）将灌溉水引入田间耕作层借毛细管作用自上而下湿润土壤，所以又称地下灌溉。近年来也有在地表下埋设塑料管，由专门的渗头向植物根区渗水。其优点是灌水质量好，蒸发损失少，少占耕地便于机耕，但地表湿润差，地下管道造价高，容易淤塞，检修困难。

# 第四节　气体条件及其调控

## 一、气体条件对园艺作物生长的影响

1. $CO_2$ 是光合作用的原料，能够直接作用于生产。作物的 $CO_2$ 补偿点 40~70mg/L（ppm），

$CO_2$饱和点是1000~1600mg/L（ppm）。一般条件下$CO_2$浓度与温度、光照协调的情况下有利于植物生长。

2. $O_2$：有句俗语——温室是个大氧吧。植物最需要$O_2$的部位是根系，可以通过锄地改善土壤通气状况增加土壤中的$O_2$含量，不能使土壤中的水分含量过高，水分高$O_2$含量就会下降。

另外，种子发芽除需要温度和水之外，还必须有充足的$O_2$。氧气缺乏造成发芽不整齐，甚至不发芽。

3. 有毒气体：肥料中分解释放的$NH_3$、CO、$SO_2$，或者塑料膜中受热释放的$Cl_2$（聚氯乙烯）、$C_2C_{14}$等。

（1）氨气

产生：主要是施用未经腐熟的人粪尿、畜禽粪、饼肥等有机肥（特别是未经发酵的鸡粪），遇高温时分解产生。追施化肥不当也能引起氨气危害，如在设施内应该禁用碳铵、氨水等。

危害：氨气是设施内肥料分解的产物，其危害主要是由气孔进入体内而产生的碱性损害。氨气呈阳离子状态（$NH_4^+$）时被土壤吸附，可被作物根系吸收利用，但当它以气体从叶片气孔进入植物时，就会发生危害。当设施内空气中氨气浓度达到0.005‰（5ml/m³）时，就会不同程度地危害作物。

危害症状：叶片呈水浸状，颜色变淡，逐步变白或褐，继而枯死。一般发生在施肥后几天。番茄、黄瓜对氨气反应敏感。

（2）二氧化氮

产生：二氧化氮是施用过量的铵态氮而引起的。施入土壤中的铵态氮，在亚硝化细菌和硝化细菌作用下，要经历一个铵态氮→亚硝态氮→硝态氮的过程。在土壤酸化条件下，亚硝化细菌活动受抑，亚硝态氮不能转化为硝态氮，亚硝态酸积累而散发出二氧化氮。施入铵态氮越多，散发二氧化氮越多。当空气中二氧化氮浓度达0.002‰（2ml/m³）时可危害植株。

危害症状：叶面上出现白斑，以后褪绿，浓度高时叶片叶脉也变白枯死。番茄、黄瓜、莴苣等对二氧化氮敏感。

（3）二氧化硫

二氧化硫又称亚硫酸气体，是由燃烧含硫量高的煤炭或施用大量的肥料而产生的，未经腐熟的粪便及饼肥等在分解过程中，也释放出多量的二氧化硫。二氧化硫对作物的危害主要是由于二氧化硫遇水（或湿度高）时产生亚硫酸，亚硫酸是弱酸，能直接破坏作物的叶绿体，轻者组织失绿白化，重者组织灼伤，脱水，萎蔫枯死。

（4）乙烯和氯气

大棚内乙烯和氯气的来源主要是使用有毒的农用塑料薄膜或塑料管。因为这些塑料制品选用的增塑剂、稳定剂不当，在阳光暴晒或高温下可挥发出乙烯、氯气等有毒气体，危害作物生长。受害作物叶绿体解体变黄，重者叶缘或叶脉间变白枯死。

### 二、气体条件的调控

（一）气体中最重要的是$CO_2$，是光合作用的重要底物，直接关系到作物的产量。

1. $CO_2$来源

（1）最主要的来源是有机肥分解释放$CO_2$和热量。

设施中$CO_2$浓度（$\mu L.L^{-1}$）的变化曲线如图2-10所示。

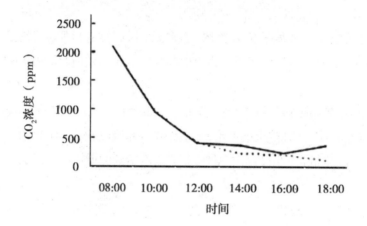

图2-10　设施中$CO_2$浓度变化曲线

图示作物光合作用从早上到中午最强烈，11点开始放风，$CO_2$浓度与外界基本相同，下午4点左右又有2个小时的光合作用高峰期，这时的高峰没有早上光合作用强烈。

（2）放风时外界的$CO_2$进入大棚，放风的同时也是补充$CO_2$。

（3）作物本身呼吸作用释放的$CO_2$。

（4）人工施用$CO_2$

目前国内常用的$CO_2$施用办法是：

① 化学反应法：利用碳酸盐与酸反应产生二氧化碳的方法，这个方法的好处是产生的盐如$(NH_4)_2SO_4$依然可以作为氮肥使用，把它随水浇到地里，能够起到施肥的作用。

② 燃烧法

不足：燃烧不充分会产生$CO$、$SO_2$等有害气体。

克服：加一个过滤装置，容器内放有小苏打、$NaHCO_3$溶液，燃烧后生成的气体通过过滤装置被释放到大棚中。

曾经用过的办法：把焦炭烧红，直接放在设施中，燃烧释放$CO_2$。

国外采用的方法：天然气、白煤油燃烧加热释放$CO_2$。这些燃料杂质少，可以直接利用，目前大型连栋温室多采用这种办法。

③生物法：设施中利用其他生物释放$CO_2$，比如黄瓜架下种植蘑菇，因为蘑菇生长不需要光，要求阴暗的条件，这样黄瓜和蘑菇可以相互依托，黄瓜为蘑菇遮阴、蘑菇为黄瓜提供$CO_2$。

也可以利用养殖的方法，就是在大棚中的一部分养羊、牛，但是不能养猪、鸡，因为猪和鸡释放的$NH_3$对作物造成毒害作用，而牛和羊不仅不释放$NH_3$而且还能把自身的热量提供给温室，其厩肥发酵过程释放的$CO_2$和呼吸作用产生的$CO_2$可以被作物利用。

④直接法：用气罐直接释放$CO_2$到设施中，施放的量按照气压下降的数值计算。

2. $CO_2$调控——主要是以增加$CO_2$的浓度为主

（1）最直接最有效的办法是增施有机肥。在设施中必须以增加有机肥作为改善土壤、增加$CO_2$、避免连作土壤肥力缺乏的最有效的办法。

（2）合理放风：不能单纯考虑单一的因素，只为改善一种条件而放风，如为了降低湿度在晚上放风或放底风，会使$CO_2$浓度大大降低，不利于光合作用，影响光合作用必然会影响产量。

（3）人工施用$CO_2$

①施用浓度。浓度应该控制在$800 \sim 1000ppm$，饱和度在$1000 \sim 1600ppm$。通过计算设施的容积和$CO_2$浓度来确定$CO_2$的用量，从而确定反应物的量。

②施用时间。太阳初升后的2小时，$CO_2$很快降到360ppm以下，此时$CO_2$浓度降低很快，在这时使用$CO_2$是最好的时机。温度高、已经缺乏$CO_2$的时候用的效果不是很明显。因为气孔已经关闭（高温缺少$CO_2$必然引起的植物生理现象），施用$CO_2$没有作用。

此外，还可以在下午4点的时候施用$CO_2$。因为太阳初升4小时后，由于管理合理光合产物积累过剩，即使再增施$CO_2$也没用，在光合产物被转运后气孔没用关闭之前再施用$CO_2$，充分发挥植物的光合能力，可提高产量。

③其他条件。在施用$CO_2$的同时，温度管理要比平时增加7℃左右，湿度也相应增高，土壤水分充足，苗子的根系必须健壮，肥料充足，除N、P、K之外还要补充微肥。

根系——根系强壮才能有很强的吸水能力，植物不会因为高温、干旱发生萎蔫。温度高蒸腾作用强烈、蒸发失水多，水作为底物被消耗，因此根系必须提供大量的水。水分降低会使物质浓度增大，叶子发生萎蔫，气孔关闭，光合作用停止。另外，植株健壮、运输系统发达、叶绿体结构完善、各部位功能协调也是光合作用顺利进行的保证。

N、P、K——光合作用越旺盛、对各种酶和相关物质的需求越大，而这几种元素是大多数酶的调节因子，或结构物质不能缺少。

（二）预防有害气体

有毒气体：主要是$NH_3$，不要多施猪粪、鸡粪，使用氨肥时要注意用量。用燃烧的办法补充时,要注意的CO、SO$_2$中毒。

1. 合理施肥。大棚内避免使用未充分腐熟的厩肥、粪肥,要施用完全腐熟的有机肥。不施用挥发性强的碳酸氢铵、氨水等,少施或不施尿素、硫酸铵,可使用硝酸铵。施肥要做到以基肥为主,追肥为辅。追肥要按"少施勤施"的原则。要穴施、深施,不能撒施,施肥后要覆土、浇水,并进行通风换气。

2. 通风换气。每天应根据天气情况,及时通风换气,排除有害气体。

3. 选用优质农膜。选用厂家信誉好、质量优的农膜、地膜进行设施栽培。

4. 加温炉体和烟道要设计合理,保密性好。应选用含硫量低的优质燃料进行加温。

5. 加强田间管理。经常检查田间,发现植株出现中毒症状时,应立即找出病因,并采取针对性措施,同时加强中耕、施肥工作,促进受害植株恢复生长。

# 第五节 土壤环境及其调控

土壤是作物赖以生存的基础,作物生长发育所需要的养分和水分,都需从土壤中获得,所以农业设施内的土壤营养状况直接关系到作物的产量和品质,是十分重要的环境条件。

## 一、农业设施土壤环境特点及对作物生育的影响

农业设施如温室和塑料拱棚内温度高,空气湿度大,气体流动性差,光照较弱,而作物种植茬次多,生长期长,故施肥量大,根系残留量也较多,因而使得土壤环境与露地土壤很不相同,影响设施作物的生育。

### 1. 土壤盐渍化

土壤盐渍化是指土壤中由于盐类的聚集而引起土壤溶液浓度的提高,这些盐类随土壤蒸发而上升到土壤表面,从而聚集在土壤表面。土壤盐渍化是设施栽培中的一种十分普遍现象,其危害极大,不仅会直接影响作物根系的生长,而且通过影响水分、矿质元素的吸收,干扰植物体内正常生理代谢而间接地影响作物生长发育。

土壤盐渍化现象发生主要有两个原因:

第一,设施内温度较高,土壤蒸发量大,盐分随水分的蒸发而上升到土壤表面;同时,由于大棚长期覆盖薄膜,灌水量又少,加上土壤没有受到雨水的直接冲淋,于是,这些上升到土壤表面(或耕作层内)的盐分也就难以流失。

第二,大棚内作物的生长发育速度较快,为了满足作物生长发育对营养的要求,需要大量施肥,但由于土壤类型、土壤质地、土壤肥力以及作物生长发育对营养元素吸收的多样性、复

杂性，很难掌握其适宜的肥料种类和数量，所以常常出现过量施肥的情况，没有被吸收利用的肥料残留在土壤中，时间一长就大量累积。

土壤盐渍化随着设施利用时间的延长而提高。肥料的成分对土壤中盐分的浓度影响较大。氯化钾、硝酸钾、硫酸铵等肥料易溶解于水，且不易被土壤吸附，从而使土壤溶液的浓度提高；过磷酸钙等不溶于水，但容易被土壤吸附，故对土壤溶液浓度影响不大。

**2. 土壤酸化**

由于化学肥料的大量施用，特别是氮肥的大量施用，使得土壤酸度增加。因为，氮肥在土壤中分解后产生硝酸留在土壤中，在缺乏淋洗条件的情况下，这些硝酸积累导致土壤酸化，降低土壤的pH。

由于任何一种作物，其生长发育对土壤pH都有一定的要求，土壤pH的降低势必影响作物的生长；同时，土壤酸度的提高，还能制约根系对某些矿质元素（如磷、钙、镁等）的吸收，有利于某些病害（如青枯病）的发生，从而对作物产生间接危害。

**3. 连作障碍**

设施中连作障碍主要包括以下几个方面：

第一，病虫害严重。设施连作后，由于其土壤理化性质的变化以及设施温湿度的特点，一些有益微生物（如铵化菌、硝化菌等）的生长受到抑制，而一些有害微生物则迅速繁殖，土壤微生物的自然平衡遭到破坏，这样不仅导致肥料分解过程出现障碍，而且病害加剧；同时，一些害虫基本无越冬现象，周年危害作物。

第二，根系生长过程时分泌的有毒物质得到积累，进而影响作物的正常生长。

第三，由于作物对土壤养分吸收的选择性，土壤中矿质元素的平衡状态遭到破坏，容易出现缺素症状，影响产量和品质。

**二、农业设施土壤环境的调节与控制**

**1. 科学施肥**

科学施肥是解决设施土壤盐渍化等问题的有效措施之一。

科学施肥的要点有：第一，增施有机肥，提高土壤有机质的含量和保水保肥性能；第二，有机肥和化肥混合施用，氮、磷、钾合理配合；第三，选用尿素、硝酸铵、磷铵、高效复合肥和颗粒状肥料，避免施用含硫、含氯的肥料；第四，基肥和追肥相结合；第五，适当补充微量元素。

**2. 实行必要的休耕**

对于土壤盐渍化严重的设施，应当安排适当时间进行休耕，以改善土壤的理化性质。在冬闲时节深翻土壤，使其风化；夏闲时节则深翻晒白土壤。

**3. 灌水洗盐**

一年中选择适宜的时间（最好是多雨季节），解除大棚顶膜，使土壤接受雨水的淋洗，将土壤表面或表土层内的盐分冲洗掉。必要时，可在设施内灌水洗盐。这种方法对于安装有洗盐管道的连栋大棚来说更为有效。

4. 更换土壤

对土壤盐渍化严重，或土壤传染病害严重的，可采用更换客土的方法。当然，这种方法需要花费大量劳力，一般是在不得已的情况下使用。

5. 严格轮作

轮作是指按一定的生产计划，将土地划分成若干个区，在同一区的菜地上，按一定的年限轮换种植几种性质不同的作物的制度，常称为"换茬"或"倒茬"。

轮作是一种科学的栽培制度，能够合理地利用土壤肥力，防治病、虫、杂草危害，改善土壤理化性质，使作物生长在良好的土壤环境中。可以将有同种严重病虫害的作物进行轮作，如马铃薯、黄瓜、生姜等需间隔2~3年，茄果类3~4年，西瓜、甜瓜5~6年，长江流域推广的粮菜轮作、水旱轮作可有效控制病害（如青枯病、枯萎病）的发生；还可将深根性与浅根性及对养分要求差别较大的作物实行轮作，如消耗氮肥较多的叶菜类可与消耗磷钾肥较多的根、茎菜类轮作，根菜类、茄果类、豆类、瓜类（除黄瓜）等深根性蔬菜与叶菜类、葱蒜类等浅根性蔬菜轮作。

6. 土壤消毒

（1）药剂消毒：根据药剂的性质，有的灌入土壤，有的洒在土壤表面。使用时应注意药品的特性，下面以几种常用药剂为例说明。

①甲醛（40%）：40%的甲醛也称福尔马林，广泛用于温室和苗床土壤及基质的消毒，使用的浓度为50~100倍稀释液。使用时先将温室或苗床内土壤翻松，然后用喷雾器均匀喷洒在地面上再稍翻一下，使耕作层土壤都能沾着药液，并用塑料薄膜覆盖地面保持2天，使甲醛充分发挥杀菌作用，以后揭膜，打开门窗，使甲醛散发出去，两周后才能使用。

②氯化苦：主要用于防治土壤中的线虫，将床土堆成高30cm的长条，宽由覆盖薄膜的幅度而定，每30cm²注入药剂3~5ml至地面下10cm处，之后用薄膜覆盖7天（夏）到10天（冬），以后将薄膜打开放风10天（夏）到30天（冬），待没有刺激性气味后再使用。该药剂对人体有毒，使用时要开窗，使用后密闭门窗保持室内高温，能提高药效，缩短消毒时间。

③硫黄粉：用于温室及床土消毒，消灭白粉病菌、红蜘蛛等，一般在播种前或定植前2~3天进行熏蒸，熏蒸时要关闭门窗，熏蒸一昼夜即可。

（2）蒸汽消毒：蒸汽消毒是土壤热处理消毒中最有效的方法，大多数土壤病原菌用60℃蒸汽消毒30分钟即可杀死，但对TMV（烟草花叶病毒）等病毒，需要90℃蒸汽消毒10分钟。多数杂草的种子，需要80℃左右的蒸汽消毒10分钟才能杀死。

# 第三章　设施作物育苗技术

　　蔬菜育苗的主要目的是使蔬菜提前生长发育，提早成熟，有利于缩短蔬菜供应的淡季；延长采收期，提高产量；提早腾茬或延晚定植，增加复种指数，为提高全年总产量、实现周年供应创造有利条件。蔬菜栽培需要育苗，尤其是在无霜期短、露地蔬菜生长时间只有半年左右的地区，育苗栽培更为重要。"壮苗五成收"，说明培育壮苗，提高秧苗质量的重要作用。壮苗定植后缓苗快，生长也较快，为早熟丰产打下良好的基础。尤其像番茄、黄瓜等果菜类蔬菜，将来形成产品器官（果实）的部分或大部分花芽是在育苗期间形成和发育的，也就是说，秧苗虽然是在定植后开花、结实，实际上在苗期就已经做"胎"了。可想而知，如果没有健壮、优质、适龄的秧苗，无论怎样加强田间管理，也只能是事倍功半。

　　一般来说，壮苗表现为地上部茎叶完整，无病虫害，茎粗，节间较短，叶色较深而有光泽，叶片较厚，保护组织（角质、蜡质等）也较发达，根系发育好。其中特别是茎的粗度及根系发育程度可以作为鉴别蔬菜秧苗是否健壮的主要指标。

## 第一节　育苗设施

　　园艺植物的育苗设施主要有温室、塑料拱棚、温床、电热温床、遮阴篷等设施。下面主要介绍北方地区用于蔬菜育苗的主要设施电热温床及冷床的结构及性能。

**一、电热温床的设计与电热线的安装**

　　采用电加温线，在北方寒冷季节可以在电力充足的地区利用电热线取代马粪等酿热物，也可在日光温室、塑料大棚内铺设来提高地温，实现蔬菜育苗的目的。

　　1. 电热加温线的规格和性能

　　现介绍上海农机研究所农机工厂生产的电热线的规格和性能见表3-1。

设施园艺作物栽培新技术

表3-1　上海农机研究所生产的电热线各种性能

| 型　号 | 额定电压（V） | 额定功率（W） | 线长（m） | 外径（mm） | 额定温度（℃） |
|---|---|---|---|---|---|
| PV20410 | 220 | 400 | 100 | 2 | <40 |
| PV20608 | 220 | 600 | 80 | 2.5 | <40 |
| DV20810 | 220 | 800 | 100 | 2.5 | <40 |
| DV21012 | 220 | 1000 | 120 | 2.5 | <40 |

2. 绝缘电热线的安装方法

电热线的安装方法以DV20810型为例：每根线长100m，功率为800W，每个苗床（长10m，宽1.6m）用两根电热线，每平方米功率为100W，先将床底整平，每根往返10道。平均线间距8cm。因温床两侧散热快，若使整个温床温度均匀，可适当减小两侧实际布线距离，增加中间布线距离，两侧5~6cm，中间10~12cm，先在床两端接线距离点插上短竹竿，然后绕短竹竿布线将线头都设在苗床一端，将线布匀后先覆盖1~2cm厚过筛炉灰，这样挖苗时有炉灰作标记，防止切割加热线，也便于回收起线，上面再覆盖10cm营养土，耙平，然后将竹竿拔掉，将两根加热线并联接通电源如图3-1所示。

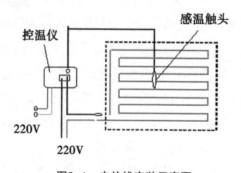

图3-1　电热线安装示意图

如采用营养钵育苗或者用穴盘育苗，电热线上覆盖2cm左右的炉灰或者细沙即可。

额定功率电热线使用计算方法：

总功率=苗床面积×设定功率（50~120W/m²）

用线根数=总功率/额定功率

布线行数=（电热线长度−床宽）/床长

行间距离=床宽/（行数+1）

3. 使用电热线注意事项

电热线的电阻是额定的，使用时只能并联，不能串联。不能接长或剪短，否则改变了电阻及电流量，使温度不能升高或烧断。

电热线不能交叉、重叠和结扎，成盘或成卷的线不得在空气中通电试验或使用，以免积热烧结、短路、断线。

布线和收线时，不要硬拔、强拉，不能用锹、铲挖掘，不能形成死结，以免造成断线或破

46

坏绝缘。

在苗床进行管理及灌水时要切断电源。

## 二、冷床的结构和特点

冷床是利用防寒保温设备,充分利用光能,结构类似温床。

特点:冷床与温床比,保温性能较差,使用时应注意防寒保温,早期使用时,每天要晚揭早盖。东北、西北地区使用时间最早在四月上旬,一般在四月下旬,可用作蔬菜等茄果类蔬菜的分苗床。

# 第二节 营养土配制和消毒

## 一、园艺植物育苗床土的配制

优质育苗床土应具有良好的理化性质并有松软、肥沃、温暖的特点。床土要吸热力强,土温升高快,通气性好,保水能力强,浇水后不板结,含有丰富的营养。因此,为培育壮苗,需要配制育苗床土。

在配制育苗床土时,有机肥料(如腐熟马粪、草炭、腐熟堆肥等)起重要作用。一般菜田土中有机质含量为2%~3%。而床土内的含量应增加至10%以上。

床土一般是用清洁园田土与腐熟马粪(或其他有机肥料)混合配制。其配制比例视育苗床土的用途而异。为促进蔬菜小苗的根系发育,防止分苗时伤根过重。播种床土中的有机肥比例应大于分苗床土,园田土与有机肥的体积比为5:5或6:4;分苗床园田土与有机肥的体积比为6:4或7:3。

育苗床土的准备工作应在上一年夏季进行。将新鲜马粪拌大粪水后堆制,经夏秋季发酵,秋末腐熟,上冻前捣细后过筛。按比例配制好,防冻过冬备用。在沤制马粪时如施入大粪水或调制时加入10%左右的干粪,床土内氮素基本够用,如果仅用腐熟马粪及园田土配制,应添加氮素化肥,一般每平方米苗床施尿素30g。

磷肥对促进蔬菜等果菜类蔬菜秧苗根系发育、花芽分化与形成有较显著的作用。为培育壮苗,可在有机肥堆制时按重量计算加入0.5%~1%的磷矿粉,一起沤制,或在配制好的床土中按每平方米50~100g施入过磷酸钙。也可以每立方米床土加入磷酸二氢铵2kg拌匀。

在大面积育苗条件下,完全用人工配制培养土,特别是使用大量的腐熟有机肥料往往是不容易办到的。在这种情况下,也可以用一定比例的草根土或森林腐叶土等,与园田土配成速成床土,如果取材困难的话,也可用一部分填充物如粒砂、细炉渣、稻壳等来改善床土的物理性。

速成床土内必须添加化肥，量为每平方米加尿素30~50g，过磷酸钙200~300g，在一般不缺钾的土壤中可不施钾肥。

**二、园艺植物育苗床土的消毒**

蔬菜苗期易患猝倒病、立枯病、菌核病等多种苗期病害，除种子消毒之外，还应该对配制好的育苗床土进行消毒。床土的消毒有物理消毒法和化学药剂消毒法两种。

1. 物理消毒

物理消毒是指利用高温蒸汽、微波等处理床土、杀灭病菌的方法。这种热处理进行床土消毒，既不杀害有益的土壤微生物，也不破坏土壤生物条件之间的平衡状态，进而达到消灭或减少有害的生物、恢复土壤健康状态的目的。尽管这种方法繁琐，但对于幼苗生长发育不会产生不利影响，也不会造成环境污染，非常适合无公害或者绿色蔬菜生产的需要。

2. 化学药剂消毒

是利用化学药剂处理育苗床土，杀灭病菌的方法。化学药剂消毒具有简单、快速、杀菌效果好等优点，但部分药剂对幼苗生长会产生一定的抑制作用，必须根据药剂的种类掌握合理的处理方法，严格控制处理浓度和时间。药剂在杀灭病菌的同时，也会杀死床土中的有益微生物，还会造成环境污染。根据药剂的性质，有的灌入床土中，有的洒在床土表面使之汽化，或者是拌入到床土中去。

（1）甲醛（40%）：使用浓度为50~100倍稀释液，使用前先将床土翻松，然后用喷雾器均匀喷洒在床土上再稍翻一翻，使床土都能沾着药液，并用塑料布覆盖密闭两天，使甲醛充分发挥杀菌作用。两天后，揭开塑料布，摊开床土晾晒7~10天，打开门窗，使甲醛蒸汽散发出去，两周后才能使用消毒后的床土。可以预防猝倒病、立枯病和菌核病。

（2）硫黄粉：一般在播种前或定植前2~3天进行熏蒸，消灭床土或设施内的白粉虱、红蜘蛛等。具体方法是每1000m²的温室内，用硫黄粉和锯末各半，放在几个花盆分散数处，然后点燃成烟雾状，熏蒸时要密闭门窗，熏蒸一昼夜即可。

上述两种药剂在使用时都需提高设施内温度，使土温达到15℃~20℃以上，如果在10℃以下效果较差。

# 第三节　种子处理技术

为了加快出苗，保证壮苗以及增强秧苗抗性、缩短育苗期，提早成熟，在育苗播种前一般要进行种子处理。种子的处理方法很多，各有不同的作用。为提高种子的播种质量，可进行种子清选、种子质量检验。为防止种子带菌而传播病害，须进行种子消毒。为使种子快速整齐出苗，一般都进行浸种催芽处理。另外，为了提高抗性或生活力还可对种子进行低温、变温等处理。在这些处理措施中，以浸种催芽措施应用的最为普遍。

### 一、种子质量检验

种子质量检验主要是检验种子是否是需要种植的品种，检验种子的纯度、净度、发芽率和发芽势等指标。市场出售的蔬菜种子大部分都是精细的小包装，在外包装上附有说明书，对该品种的名称、特征特性、发芽率、生产日期和保质期都有介绍。购买或者使用之前要仔细看好说明，确认品种名称是否正确、品种的特征特性是否与自己的栽培目的相一致，种子的外观质量是否符合标准。必要时可以做发芽率和发芽势的实验，发芽率不应低于90%，发芽势不应低于80%，这样的种子方可作为播种材料。

### 二、种子消毒

自然条件下繁殖的种子大部分带有病菌，在播前用适宜的药剂处理可以杀灭种子所带的病菌和虫卵，明显减轻病虫害的发生。蔬菜种子的消毒方法有药液浸种和药剂拌种两种方法。

1. 药液浸种消毒

将药液配成一定浓度的浸种药液，要将种子全部浸在药液中，并掌握药液浓度和浸泡时间，以免产生药害影响发芽。常用的药液和浸种时间见表3-2。

表3-2　常用药剂浸种消毒的浓度和浸种时间

| 药　剂 | 使用浓度 | 浸种时间（分钟） |
|---|---|---|
| 50%多菌灵 | 1000倍液 | 20 |
| 磷酸三钠 | 10% | 20~30 |
| 高锰酸钾 | 1% | 10 |
| 40%甲醛 | 100倍液 | 10 |

经过药液消毒后的种子要用清水反复冲洗，再用一定温度的清水进行浸种和催芽等处理。

2. 药剂拌种消毒

是在播种前将种子和药剂拌在一起，杀灭种子表面和内部病菌的方法。常用的药剂主要有福美双、多菌灵等，药量是种子干重的0.2%~0.3%。拌种时要将药剂和种子充分搅拌均匀，使药粉均匀地沾到种子表面。药剂拌种一般只适用于未发芽的干种子或者浸种后未催芽的种子，拌种后可以立即播种。

### 三、浸种、催芽技术

1. 浸种

浸种是将经过清选后的蔬菜种子浸泡于水中, 使其在短期内吸水膨胀, 达到萌发所需的基本水量。浸种时要注意掌握水温、时间和水量。一般用水量约为种子量的4~5倍。浸泡时间以种子充分膨胀为度。

一般浸种: 水温20~30℃, 适用于蔬菜等种皮薄、吸水快、易发芽的种子。

温汤浸种: 水温50~55℃, 这是一般病菌的致死温度, 有消灭病菌的作用。浸种时需不断搅动种子, 使水温均匀, 并陆续添加温水以使水温维持在50~55℃ 15~20分钟, 随后使水温自然下降至30℃左右, 按要求继续浸泡。

热水烫种: 为了更好地杀菌, 使种子易于吸水。水温70℃~85℃, 先用凉水润湿种子, 再倒入热水, 来回倾倒, 直到温度下降到55℃左右时, 用温汤浸种法处理。

一般在蔬菜育苗中, 先进行温汤浸种然后再进行一般浸种, 浸种时间6~24小时即可。

2. 催芽

为了保证出芽快而整齐, 必须掌握好催芽过程中温、湿、气条件。为了保温保湿, 应先在容器底部垫上湿麻袋片或湿布(拧干至不淋水为度), 种子上面再盖上湿麻袋片, 或者在木箱底部垫上湿稻草, 种子上再盖以湿布保湿。

浸种后, 应把捞出的种子表面的水擦干或晾干, 然后将种子装入催芽容器(布袋、尼龙网袋、瓦盆等)中。催芽过程中每天用清水清洗一次, 以换气补水。喜温性蔬菜在25~28℃条件下催芽; 耐寒性蔬菜在15~20℃条件下催芽, 一般2~3天即可出芽待播。

可以采用变温的方式进行催芽, 即在每天的催芽过程中, 25℃持续8小时、15~18℃持续16小时, 使芽齐芽壮。

催芽过程中温度应有所变化, 即催芽初可稍低, 开始"露白"时提高温度, 大部分出芽后逐渐降温"蹲芽"。前面提到的控温催苗室, 可兼作催芽室用, 其效果与温箱类似, 可保证及时而整齐地出芽。

## 第四节　播种技术

### 一、播种时期

播种期的确定在蔬菜生产中十分重要, 直接决定了浸种、催芽和定植时间。播种时期是指春季设施栽培及露地栽培的育苗播种期。如果提早上市的最适定植期已经确定, 种子的播期就由育苗期长短来确定了, 同时也就涉及苗龄的大小。在蔬菜育苗生产中, 苗龄是首先应该注意的重要问题。苗龄不合适往往导致秧苗质量降低,甚至使育苗失败。

苗龄一般可用叶龄、是否现蕾或开花来表示;在生产中习惯用天数来表示,如60天苗龄等。但严格地说,仅用育苗天数来标注苗龄是不够科学的,因为相同育苗天数可以培育出大小和质量完全不同的秧苗。究竟应当培育多大的秧苗,也就是怎样来确定育苗的播种期,这要考虑以下几方面因素:

1. 不同栽培类型对苗龄大小的要求有差异。例如,温室及大棚春季生产的蔬菜,最好苗龄大些(如番茄8~9片叶,现蕾);而露地和设施秋季栽培的蔬菜秧苗的苗龄要小些(如番茄7~8片叶)。

2. 要考虑育苗设施的性能和幼苗营养面积的大小。没有性能良好的育苗设施,很难育出健壮大苗。此外,幼苗营养面积过小,秧苗质量就会明显降低,如果保证不了相适应的营养面积,宁可结合实际缩短苗龄。

3. 一般幼龄苗的活力比长龄苗强,定植后缓苗生长较快,因此,不宜过分强调"长龄大苗"。

4. 培育能早熟丰产的大苗,要求有较高的育苗技术水平,如果育苗技术不高,很容易使大苗徒长或老化,降低秧苗质量。

在春季蔬菜育苗中,容易出现育苗期过长的现象,其形成的原因是:育苗前期地温不足,出苗期延长,小苗阶段生长缓慢;不适当的蹲苗技术;床土理化性质不良,根系发育差,抑制了秧苗正常生长;移植次数过多或分苗技术不当,缓苗期过长。

因此,要想掌握住比较准确的播种期,必须熟悉两方面情况:其一是蔬菜对环境条件的要求,特别是达到一定苗龄需要的积温;其二是育苗程序中各阶段育苗设施的性能及可能提供的条件。适宜的播种时期是在某种栽培方式下,人为确定的,用尽可能早的定植时期减去苗龄向前推算而定的日期;例如,东北地区塑料大棚春番茄安全定植时间是在每年的4月10日(多层覆盖大棚)或者4月20日(单层覆盖大棚),苗龄70天左右,播种期应该在1月下旬到2月上旬。确定播种期还应该考虑到气候条件、育苗设施条件、育苗技术水平和蔬菜品种特性等多方面因素。比方说,寒冷季节播种必须要有加温温室的育苗条件,具有营养钵或者由足够的育苗面积才能够提早播种,培育适龄大苗。同时还要考虑到分苗次数、分苗时期的早晚、分苗缓苗时间等因素。

### 二、播种量

在种子质量符合标准、栽培密度正常、育苗条件好、成苗率较高的条件下,如番茄,每亩用种量为25~30g,考虑到育苗过程中可能会有些意外损失,应该加上一定的保险系数。这样用种量可以增至每亩播种35g左右。

播种量(g)=(栽培面积×栽培密度)/(每克种子粒数×发芽率×种子净度×成苗率)

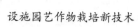

番茄的育苗播种密度要适宜，一般每亩需要用种量为30~40g，需要播种床面积大约4m²左右，每平方米播种量为8~10g种子。

### 三、播种技术

播种时正值寒冷季节，应选择晴天中午进行。为了防止蔬菜苗期病害的发生，也可用20g的多菌灵或百菌清与50kg床土混拌均匀做药土，播前铺药土三分之一，播后用三分之二的药土覆盖。如果药土覆盖厚度不足，可补盖些一般床土。播种操作程序如下。

**1. 浇足底水**

播种的前一天或当天可用热水将苗床浇透，起到消毒和提高土温的作用，同时也可保证出苗及分苗前幼苗对水分的需要。

**2. 上底土**

底水渗下之后，在床面上均匀地撒上一层细干土或药土，厚度2mm左右。待这层土变湿后即可播种。

**3. 播种**

播种时采用撒播或条播的方式，撒种要均匀，然后覆盖5~8mm过筛后的细土或者药土。一般每10cm²播种面积应有3~4粒有芽的种子。

春季播种之后，扣上小拱棚或者覆盖地膜增温保湿，以利于幼苗出土。夏季播种后应该覆盖遮阳网降温，以防高温引起徒长和对幼苗产生直接的伤害。

# 第五节　苗期管理技术

苗期管理的主要目的是为蔬菜秧苗创造适宜的温度、光照、湿度等环境条件，以培育整齐、健壮、抗逆性强的秧苗。在秧苗生长发育过程中，不同的环境条件对蔬菜秧苗会产生不同影响，足以决定秧苗的生长速度及质量。因此，要求生产者一定要按照秧苗的生长发育规律，采用合理精细的苗期管理技术，控制适宜的环境条件，培育健壮秧苗。

### 一、分苗前的管理

播种后到幼苗出土前的主要管理就是保温，幼苗出土至第一片真叶展开前，应适应降低夜温与控制床土水分，促进子叶肥大，喜温蔬菜白天床温控制在20~22℃，夜间12~16℃。这段时期也是幼苗容易得病（猝倒病）的时期，在管理上应注意掌握温、湿度，控制病害发生，所以，这一阶段是管理上比较困难的阶段，应及时通风，掌握通风量，但要防止寒害。

第一片真叶展开至分苗前是小苗生长阶段。除了维持适宜的土温外,保证充足的光照是非常重要的,特别是阴、雪天气,更应充分利用日照(包括早、晚的散射光)。温度可比子叶展开时稍高一些。在冬春季育苗条件下,分苗前原则上都应控制浇水,防止土温下降及病害发生。对于防止幼苗"戴帽"出土和水分调节可以通过覆土的方法进行。覆土是苗期管理的一项重要技术措施,要分多次进行,第一次应在种子开始"拉弓"顶土时进行,厚度约2mm,以帮助小苗出土时将种皮留于土中,防止"戴帽"出土,减少土壤水分蒸发。第二次应在小苗出齐时,覆土厚度1~2mm,以后覆土应视苗床干湿情况及幼苗生长情况进行,覆土时叶面应无露水。

### 二、分苗

在温室培育的蔬菜原苗,一次可直接分到成苗培育场所(温室、大棚、冷床等)。可采取护根(塑料穴盘、营养钵、草钵、泥炭钵、营养土方等)措施育苗。将温室原苗直接分在这些育苗容器中,待苗长成后再定植。分苗应该掌握"易早、易小"的原则,在条件允许时,分苗时间适当提早,避免秧苗拥挤,降低秧苗质量,特别是在催苗室苗盘内播种的,因播种量大,更应及早分苗,茄果类蔬菜应在1~2片真叶展开时分苗;温室和大棚栽培的蔬菜如黄瓜应该在子叶充分展开后即可以进行分苗。其他栽培方式的应该在蔬菜花芽开始分化时期(3~4叶期)之前完成这一工作。

无论采用哪一种方式栽培的蔬菜,如果培育早熟栽培或设施栽培的大苗,至少应保证8cm×8cm~10cm×10cm的营养面积。

分苗前一天浇水,便于起苗,少伤根。在早春移植,要避免浇大水,防止土温急剧下降。早春移苗时注意保温,促进缓苗;晚春移苗时注意给水,防止干燥。为了保证移植后快速缓苗,应在移苗前降温控水,进行秧苗锻炼。移植后一般有3~5天的缓苗期,要适当提高床温,但中午前后温度过高时可适当遮阴,防苗萎蔫。开始发新根后,如床土较干,可适当喷浇缓苗水。

### 三、分苗后的管理

在水分管理上应该掌握"以控为主、促控结合"的原则。在通风、水调节上还应注意尽可能使秧苗生长整齐一致。特别是在塑料小拱棚中育苗,由于温差大,秧苗生长不整齐,应注意放风均匀。刚分苗时,外界气温较低,中午放顶风(双幅薄膜覆盖小棚从顶部扒缝)不放侧风,温度升高后开始放侧风,但每天要轮换放风口位置。如果用大棚或中棚育苗,这个问题就比较好解决。另外,浇水时小棚中部旱处适当多浇些,两边少浇些。

还要注意日照条件的改善,污染严重的旧薄膜透光性差,不适于育苗。适当延长日照时间有利于培养健壮秧苗,从这一点看,不覆盖草帘的大、中棚培育成苗具有一定的优越性。

如果床土营养充足,一般在苗期可不进行追肥,但如发现床土瘠薄,秧苗营养不良也应及时追肥，追肥可用稀薄人粪尿、马粪水或尿素等化肥均可。用尿素时每平方米施用20～30克，喷撒后再用清水喷洒，冲洗苗叶。施用化肥时应注意防止浓度过大，发现烧根及时给水缓解。也可叶面喷施千分之一至千分之二的尿素或磷酸二氢钾溶液。

### 四、定植前的秧苗锻炼

定植前通过降温控水进行秧苗锻炼，目的是为了使秧苗定植后抗逆性增强，缓苗快，提早成熟。设施定植的秧苗锻炼可在定植前7～10天进行降温控水锻炼，锻炼温度与定植场所的温度相似。秧苗锻炼后会叶色转深，秧苗茎粗壮，根系发育好，秧苗的适应性和抗逆性增强。

### 五、特殊天气的管理

分苗或幼苗生长期间遇到连续阴天时，在保证幼苗不受冻害的前提下，要尽量降低苗床温度和湿度，进而减少因呼吸作用而消耗的养分；如遇连续阴雪天气，要及时清除积雪，防止雪水渗漏到苗床内，但不可连续几天不通风，此时通风时间要短，以透气，接受短时间散射光为宜。

# 第六节　黄瓜嫁接育苗技术

黄瓜嫁接育苗是抗病防病提高产量的重要技术之一，也是实现黄瓜安全生产的一个关键技术。枯萎病菌可以从黄瓜根部伤口或直接从根毛侵入，而不能侵入南瓜根，因此采用嫁接的方法可以有效地防止土传病害，提高黄瓜植株抗病性。经嫁接的植株根系发达，生长健壮，抗寒性增强，结瓜期延长，还可以减轻霜霉病、白粉病、角斑病等气传病害的危害。

### 一、砧木选择

目前棚室黄瓜嫁接的砧木应用较多的是云南黑籽南瓜。

### 二、嫁接方法

1. 砧木准备

选用饱满且具有光泽的云南黑籽南瓜种子作为砧木种子。每亩用种量1.5kg左右。苗床温度白天保持在25～30℃，夜间18～20℃，3～4天即可出土。待80%幼苗出土后降低温度至14～15℃。嫁接适期苗龄：插接用砧木第一真叶展平，靠接用砧木第一真叶半展开。

2. 接穗准备

采用靠接法的黄瓜应比砧木早播3~5天；采用插接法的黄瓜应晚播3~5天。每亩用种量150g。浸种、催芽、播种及苗床温度管理与砧木相同。一般播种后13~14天，黄瓜的子叶展平，第一真叶破心时为嫁接适期。

3. 嫁接方法

（1）靠接法：将南瓜和黄瓜苗挖出，保持根系湿润。用刀片剔掉南瓜的生长点和真叶，保留子叶；再在与子叶伸展方向相平行的子叶下方0.5~1.0cm处向下斜切一刀，深度以达茎粗的3/5为度。切口要长且光滑，利于愈合。然后取一株比南瓜苗稍高的黄瓜苗，在其中一个子叶的正下方，距子叶1.5cm处向上斜切一刀，粗度达茎粗的4/5。将两个斜口对合在一起，使黄瓜子叶压在南瓜子叶之上，并呈"十"字形。用嫁接夹固定，并使南瓜茎朝外，黄瓜茎向里，通过夹子的斜面，可以把接口挤压得很紧，如图3-2所示。

图3-2 靠接法示意图

1.去生长点 2.削南瓜苗 3.削黄瓜苗 4.削口对接 5.夹嫁接夹 6.接穗根系处理

（2）插接法：先用刀片剔掉南瓜的真叶和生长点，再用粗细与黄瓜胚轴相近的竹签，从右侧子叶的主叶脉基部向另一侧子叶方向朝下斜插0.5~0.7cm深，竹签尖端不穿破茎的表皮，然后选适当的接穗，在子叶下0.8~1.0cm处用刀斜切至下胚轴的2/3，切口长0.5cm左右。接着从对面下第二刀把接穗切成楔形，立即拔出竹签，插入接穗，使黄瓜子叶压在南瓜子叶上，呈"十"字形，如图3-3所示。

图3-3　插接法示意图

1.去生长点　2.用竹签插孔　3.处理黄瓜苗　4.削好的黄瓜苗　5.插接方法　6.插接后的苗

### 三、嫁接苗的管理

嫁接后及时把苗子栽到营养钵中,营养土应该肥沃、疏松,可按40%有机肥、60%土相混合。栽苗后逐钵浇水,接口不能沾水。水渗下后再覆土1cm以增温保湿,然后移到苗床内。在放苗过程中,要随时盖严塑料薄膜保湿,并遮阴。

**1. 温度**

接后2~3天,白天棚内保持25~28℃,夜间18~20℃。在4天以后开始通风,并逐渐加大通风量,白天保持在22~24℃,夜间14~17℃。接后7~8天撤除小拱棚。

**2. 湿度**

接后1~3天扣严小棚,并喷水,使棚内空气相对湿度保持在95%左右。4天后空气相对湿度应保持在80%左右。定植前一般不再浇水。

**3. 光照**

为了减少植株水分蒸腾和养分消耗,接后前3天内实行全天遮光(阴天不遮光)。第4~5天上午10点至下午3点遮光,其余时间不遮光。第6~7天撤除遮光物,全天见光。有条件的话可用遮阳网遮光。

**4. 断根摘叶**

靠接的秧苗在接后10~12天剪断黄瓜的根。应在傍晚时进行,剪断后适当遮光2~3天。砧木新发叶应及时摘除。断根后在苗床内生长10余天,让其充分见光,白天保持25℃左右,夜间不低于10℃。选晴天即可定植。

# 第七节　秧苗诊断

## 一、壮苗标准

苗龄壮苗一般在30~40天内能长出3~5片真叶，这样的生长速度可认为是适宜的，是正常苗龄。

## 二、幼苗异常解决办法

1. 僵苗：子叶长时间不能展平，叶片小而向内卷曲，颜色深而暗淡无光。尤其是在冷床育苗床温长时间在18℃以下，容易引起这种现象。解决办法是千方百计提高床温。温床要进行人工加温，冷床白天及时揭开草苫，夜间加厚覆盖物。

2. 徒长苗：子叶与叶片大而薄，颜色淡绿，下胚轴及叶柄细而长，幼苗徒长主要是水肥过多，温度偏高，揭苫不及时，光照不足所引起。解决办法是：加强通风，降低温度，控制浇水，及时揭苫增加光照。

3. "伤风苗"：子叶和叶片边缘变白或干枯，在通风口表现尤重。这是通风过猛所造成的，俗称，"闪苗"。因苗床内外温度、湿度差异很大，猛然进行大量通风，使苗床内温度、湿度骤然下降，叶片，尤其是叶片边缘失水过重，致使细胞受害而干枯。预防办法，通风要小心，不要等温度升得过高再行通风。当上午床内温度达到25℃时即应开始通风，通风口开在背风面，并逐渐由小到大。

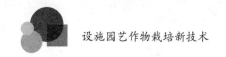

設施園艺作物栽培新技术

# 第四章　设施蔬菜栽培新技术

## 第一节　茄果类设施栽培新技术

茄科植物中的果菜类称为茄果类,主要包括番茄、茄子和辣椒,酸浆也属此类。茄果类在我国南北各地普遍栽培,占蔬菜总面积的20%以上,是主要的夏、秋菜,也是保护地生产中的主要种类之一。茄果类蔬菜是人们喜食的蔬菜,其营养丰富,适应性强,结果期长,产量较高,耐贮运,在市场供应中占有重要地位。

### 一、日光温室番茄栽培技术

（一）日光温室番茄秋冬茬栽培技术

1. 育苗技术

（1）品种选择和播种期:秋冬茬番茄是秋天播种,秋末冬初收获,生育期限于秋冬季,采收期短,应选择抗病毒,大果型、丰产、果皮较厚,耐贮藏的优良品种,如津粉65、中杂8号、佳粉15等。播种期以7月上旬为宜。

（2）苗床准备:秋冬茬番茄育苗期处在雨季,必须选择地势较高,排水良好又通风的地方,还需要有遮雨遮阴设备,有利于降温防曝晒,避免发生病毒病。最好设置1.5~2.0m高的中棚,覆盖透光率低的旧薄膜,四周卷起,形成防雨遮阴篷,或应用遮阳网遮阴。在棚内作成1~1.5m宽的育苗畦,施腐熟农家肥,每平方米20kg,翻10cm深,耙平畦面。

（3）种子消毒和浸种催芽:晒种两天,然后用10%磷酸三钠溶液或1%高锰酸钾溶液浸泡20分钟,用清水冲洗干净,再用55℃温水冲籽,搅拌至30℃时浸种6小时,用手揉搓种子,再加温水冲洗。浸种结束后捞出。用湿布包好置瓦盆或搪瓷盘中,上盖湿毛巾,在28~30℃条件下催芽2~3天,每天翻倒透气,多半种子露白时播种。也可不经过催芽直接播种。

（4）播种方法:播种畦浇透水,将种子拌些湿砂土均匀撒播苗床内,覆盖过筛细潮土1.5cm厚。播种最好选在下午或傍晚进行。每栽一亩温室需苗床面积约14m²,播种量55g,每平方米播种量4g左右。播后在苗床0.8m高处搭小棚或在温室棚面上架遮阳网、旧塑料膜,保持

58

床温不超过30℃。

（5）苗期管理：秋冬茬番茄一般不移植。因温度高，幼苗生长快，齐苗后视苗情适当间苗1~2次，密集苗尽早间拔，同时拔出杂草，间苗后保持苗间距5~6cm。若幼苗有徒长趋势，用0.05%~0.1%的矮壮素喷洒，防止徒长。幼苗出土后7天喷一次防治蚜虫的药剂，防止蚜虫传播病虫害。每亩定植3000~3500株为宜。

2.定植

（1）定植时期：番茄苗龄35~40天，株高20cm左右，叶片4~5片时即可定植。适宜时期在8月上旬。

（2）整地施肥：温室内亩施优质腐熟有机肥5000~7000kg，饼肥100~200kg，过磷酸钙50~80kg，硫酸钾25~30kg或草木灰150kg，碳酸氢铵50kg。粗肥2/3普施，其余与化肥沟施。沟向南北，沟距55~60cm，土、肥充分混匀后起垄10~15cm。

（3）定植方式及密度：坐水稳苗定植，大小行形式，行、株距为（50~80）cm×33cm，亩留苗3000株左右。

（4）定植方法：定植前一天苗床浇小水。第二天按苗距切块起苗，温室内垄上开沟浇水，坐水栽苗，培土盖沟。健壮苗宜直立定植，徒长苗可侧倒弯曲使苗茎向上定植。

3.定植后扣膜前管理

定植后外界气温尚高，雨水多，排水防涝和降温防病是管理重点。定植后五天浇一次缓苗水，其后10天左右一水。结合进行中耕除草和防治蚜虫。第一穗花开时，为防止高温导致落花，要用50ppm番茄灵（防落素）进行喷花或沾花，可喷2~3次，严防喷到嫩叶上和幼小花蕾上。

4.温室管理

（1）扣膜：9月中下旬，当外界平均气温降到18℃左右时及时盖膜。

（2）温度管理：扣膜初期，将前围裙膜卷起，顶部开放风口，昼夜放风。保持白天温室内气温20~25℃，夜间18℃左右。外界气温降到15℃以下放下围裙，固定顶部，夜间改为扒缝放风，逐步缩小放风量，尽量保持适温，夜间不低于15℃。10月中旬夜间加盖草苫，注意密闭保温。11月中上旬以后可加盖纸被。12月初停止放风。

（3）肥水管理：扣膜后控制浇水，防止湿度过大诱发病害。第一穗果坐住前以中耕为主，第一穗果蛋黄大小时，结合浇水亩追硝铵20kg或尿素15kg，经常保持土壤湿润，小水勤浇。以后每坐住一穗果追肥一次，共2~3次。12月初停止肥水。

（4）植株调整：第一穗果坐住前开始插杆绑架，一般采用吊架。整枝采用单干整枝，花序下第一侧枝3~5cm长时摘除，及时摘除其他叶腋的幼芽。留2~3穗果，最上一穗果以上留2~3片叶摘心，每穗花序留果3~4个，其余疏掉。

（5）防治病虫：早期用病毒克星、菌毒清防治病毒病；中后期用甲霜灵、倍得利防治疫病,用农用链霉素、托布津防治枯萎病;在果长到杏大小时,用菊酯类农药防治钻心虫。

(6)脱叶囤果:11月中旬至12月下旬,为了使果实充分见光,控制营养生长,随着每穗果实轮廓长成,将其以下叶片摘除,到翌年1月初摘掉全部叶片,使果实挂在茎秆上慢慢自然着色,可提前3~5天用200倍乙烯利抹果催红。如11月份自然着色果实量过多,考虑到延后上市价高,可采取降温法延后果实成熟,即白天室内气温保持在6~10℃,夜间3~5℃。湿度控制在65%~75%,使着色番茄在茎秆上保鲜延后20天采收,可获得最佳效益。

(二)日光温室番茄冬春茬栽培技术

冬春茬栽培番茄和秋冬茬正相反,前者是随着外界气温由低渐高进行种植,而后者是随着外界气温由高渐低进行种植。比较起来,冬春茬的栽培技术难度大一些,多数时间是在低温、弱光照的冬季进行。因此,如何充分利用太阳光能和节能型日光温室的设施,提高和保持适于番茄生长发育的适宜温度和光照强度,是冬春茬栽培番茄能否获得优质高产的关键。

1.育苗技术

(1)品种选择:应选择在低温弱光条件下坐果率高、果实发育快、果个较大、商品性好的品种。生产实践证明无限生长类型的品种丽春、佳粉1号和有限生长类型的品种早春、中丰等比较适宜。

(2)适宜播种期:如果用日光温室进行长期栽培,番茄9月中旬播种,一般可在2月上旬开始采收,头茬在4月中旬结束,换头再生后,第二茬在5月上旬开始采收,6月上旬结束,第三茬7月上旬采收。这样二茬果在大棚番茄前采收;三茬果在露地番茄前采收,可取得更高的效益。播种期过晚,采收期晚,一般单价降低。

(3)培育适龄壮苗:培育壮苗主要是控制徒长,促进花芽分化。番茄9月份育苗,外界气温白天较高,晚上偏低,这时的温度管理白天一定要降温,以最高不超过25℃为宜,夜间要注意低温,以12℃为宜,一般不低于10℃,不高于15℃。

苗期尽量增强光照。苗床要选择在温室内光照充足,温度好的位置。播种一定不要过密。幼苗移植时的营养培或营养钵一定要大,其直径要大于10cm。随着幼苗增大,苗与苗之间的距离要拉大,严防叶片互相遮挡,这是能否培育出壮苗的关键。

苗期水分管理不要过大,但又不要干旱,苗期尽量不灌水,营养土配制一定要高标准,既要营养充足,又要透气保水性好。营养袋或营养钵摆放时,一定要把其下部的土壤翻松,这样灌水量过大时,水分渗入地下,浇水不及时,幼苗可吸收下面土壤的水分,不至于造成严重干旱。番茄播种后,在约经60天的管理、幼苗6~7片叶、现大蕾时即可定植。

2.定植技术

(1)定植前的准备:冬春茬栽培番茄的定植期正值严冬季节,为了提高日光温室的温度,前茬作物应尽可能提前拉秧,清洁田园,修补薄膜,并对温室构件和土壤进行化学消毒,以减少病菌。与此同时,还要增施优质、腐熟的农家肥,深耕细翻,使粪土充分掺匀;整地起垄前,每亩再条施30~50kg复合肥，然后按垄距110~120cm作垄，垄高15~20cm，垄面要平整；密闭温室，以提高温室内空间和土壤温度，保证幼苗定植后有较高的成活率。

（2）定植：冬春茬番茄一般每株留2~3穗果实，多采用单杆整技，因此，每亩栽植的株数以3000~3500株为宜。

幼苗健壮与否对番茄的产量关系极大，因此，除了在育苗期间要根据番茄生长发育的需求调节好温度、湿度外，在定植前还要进行严格选苗，尽可能选择生长健壮、整齐的幼苗，淘汰弱苗、劣苗。

3. 定植后的管理

（1）温度管理：番茄幼苗定植后，温室应继续密闭5~6天，创造高温、高湿的环境条件；加快缓苗速度。如果幼苗在中午出现萎蔫现象时，应及时采用回席（苫）的方法进行短期遮阴以利缓苗。

缓苗后开始放风，以降温降湿，一般在晴天的中午进行，以温室内最高气温不超过30℃为宜，最好控制在25~28℃，夜间的气温，前半夜应维持在14~16℃，后半夜可降至8~12℃。当植株进入果实发育盛期时，温室内气温应适当升高1~2℃。

（2）光照的调节

冬春茬温室栽培番茄的季节，外界光照时间短、强度弱，往往达不到番茄正常生长发育所需要的光照强度，为此，应通过改进栽培技术措施使番茄植株尽可能多地接受外界自然光照的时间和强度。

前茬蔬菜作物拉秧后，应及时更换塑料薄膜，最好使用透光性高的无滴薄膜，并要经常清扫薄膜上的灰尘及杂物，保持温室洁净，增加外界自然光的透入量。

整地做垄时，可做成宽窄行，尽可能加大垄与垄之间的距离。支架方式也可改变传统的四角架为吊架，以充分利用温室的空间。在番茄果实开始采摘之前，还要及早摘除第一果穗以下的老叶、黄叶、病叶，以改善植株行株间的通风透光条件。此外，还可以在温室的北侧架设反光幕，这对提高植株的光合作用有明显效果。

（3）肥水管理：定植时浇透底水后，3~5天再浇1次缓苗水，然后直到第1穗果长至核桃大小时再开始浇水，以后10~15天浇1次水，每次每亩灌水20~25m³左右，保持土壤相对含水量在70%~80%。灌水时应注意在晴天午前进行，同时，生育前期主要采取地膜下暗灌，未覆盖地膜的沟不灌水，以防空气湿度过大，生育后期大放风时才可在全部沟内灌水。

（4）湿度调控：尽量避免空气湿度过大。在番茄生育前期主要控制灌水及采取膜下灌溉，避免水分蒸发量过大。生育后期要加强通风排湿，但早晨应迅速使室内升温，从而降低湿度。随着后期外界气温的升高，逐渐延迟午后的闭风时间。避免过早密闭温室后，随着室内逐步降温而使空气相对湿度增大。

（5）整枝插架：采用单杆整枝，抹去所有侧枝，低温季节须喷涂防落素，以促进坐果，第

1穗的第1果摘去,待第1穗坐4~6个果时,选留圆整、大小均匀的3~4个果实,余者在用激素蘸花时摘除。待下部果实基本定型开始转色时,要逐步剪去下部老叶、病叶,增加通风透光,至于摘心与否可以根据高矮和前后茬生产需要及采收期来自行决定,大红一号为无限生长类型,可以延长采收,如果经济价值不高,为了后茬和前期产量,则可以在4~5穗果之上留2~3片叶后摘除顶尖。注意要在顶部叶片充分展开时才可摘除顶尖,避免顶部叶片很小时摘除顶尖而破坏顶端优势,使顶部生长减弱,影响上部果实生长发育,造成减产。另外,摘心栽培每亩可定植2200~2400株,长季节栽培每亩定植1800~2000株。

(6)防止落花:在每穗花有3~4朵开花时,采用防落素蘸整个花序,可防止落花,并促进果实膨大,减少畸形果,提高产量。

(7)病害防治:保护地番茄的主要病害有灰霉病、叶霉病、晚疫病、早疫病和病毒病;虫害有蚜虫、白粉虱、棉铃虫等。通过控制生态环境防病是防止日光温室冬茬番茄病害发生的重要措施。病害可在发病初期及时使用药剂防治,一般每隔7天用药1次,连续喷3次左右。灰霉病可用65%甲霉灵、50%速克灵等防治。叶霉病可用60%防霉宝、40%福星等防治。病毒病用0.5%抗毒剂1号、20%病毒A等防治。蚜虫和白粉虱可用10%扑虱灵防治。棉铃虫可用BT乳剂防治。

4.采收

中短距离运输可以红果采收,不用催熟直接上市。北方地区红果采收时间约为3月中旬。长距离出口国外时,可在果肩变白后采收,耐贮运1个月左右,北方地区约在3月上旬采收。长季节栽培时,及时采收第1穗果,清除老叶,采收到4穗果以后可以落蔓处理,防止顶部叶片遮光。

(三)番茄保护地栽培管理中的一些问题及解决技巧

1.番茄生长异常

跑秧:也叫疯长。枝叶茂盛,节间长,茎扁方形、粗壮,或第一穗果往往坐不住。这主要是放水太早所致。

畸形果:果实不圆整,形似菊花。形成的原因是温度低、湿度大、光照不足。使用2,4-D蘸花时浓度太高也会引起此症状。

空洞果:果实呈方形,切开可见空洞。主要原因是温度高、湿度小、日照不足、受精不完整。用2,4-D蘸花时未调好浓度也易引起此症状。

脐腐病:果实顶部花朵脱落,部分油浸状,颜色渐渐变褐、凹陷。这是吸钙能力降低形成的生理病害,由土壤缺氧引起。

裂果:果实纵裂或横裂。病因是水分供应不均匀;授粉时棚温低,影响了对钙的吸收;果实膨大时遇室温偏高的环境等,均可导致裂果。

小叶不长:大多是夜间棚温偏低,植株对硼、钙吸收不良所致。

卷叶：有叶朝上卷和朝下卷两种症状。叶朝上卷并发紫发黄，病因是缺锰；叶朝下卷是生理干旱所致。施铵态氮太多时也朝下卷，施硝态氮太多时会使小叶卷曲。

2. 番茄适时打杈植株生长健壮

科学的打杈是番茄高产栽培中非常重要的一环。然而，很多菜农对这一环节缺乏足够的重视，认为无关紧要，从而引起一系列的不良后果。所以打杈时要注意以下事项。

注意杈的生长速度，做到适时打杈。待杈长到7cm左右时，分期、分次摘除。对于植株生长势弱的，必要时应在杈上保留1~2片叶再打杈心，以保障植株生长健壮。

把握好打杈的时间。在一天中，最好选择晴天高温时刻进行打杈。早晨打杈产生伤流过大，造成养分的流失；中午温度高，打杈后伤口愈合快，且伤流少；如果下午4时后打杈，夜间结露易使伤口受到病菌侵染。

打杈前做好消毒工作，防止交叉感染。因人手特别是吸烟者的手往往带有烟草花叶病毒及其他有害菌，如消毒不彻底极易引起大面积感染。在进行操作前，人手、剪刀要用肥皂水或消毒剂充分清洗。先打健壮无病的植株，后打感病的植株，打下来的残体要集中堆放，然后清理深埋，切忌随手乱扔。

适当留茬。打杈时在杈基部留1~2cm高的茬，既有效地阻止病菌从伤口侵入主干，又能使创面小，有利伤口愈合。

### 二、日光温室辣椒栽培技术

（一）日光温室辣椒早春茬栽培技术

1. 播种育苗

（1）播种季节：温室早熟栽培可在11月播种，大棚早熟栽培可在12月播种，通常在翌年2~3月定植于日光温室或大棚内，4~7月采收。总之，辣椒播种期的确定必须考虑到苗龄适宜时能否及时定植。

（2）营养土的配制：辣椒育苗营养土的配制与番茄基本相同。

（3）种子处理：为提高成苗率和培育壮苗，播种前应进行种子处理。具体方法是：先晒种2~3天后，用55℃温水浸种15分钟；也可用1%硫酸铜溶液浸种5分钟，或45%甲醛150倍液浸种15分钟，或10%磷酸三钠溶液浸泡20~30分钟（浸后用清水将药液冲洗干净）。再将种子用30℃左右的温水继续浸泡7~8小时后，用25~30℃催芽，催芽时间3~4天，待70%种子露白时即可播种。辣椒也可用于种子播种。

（4）播种及播种后的管理：有条件的宜用穴盘育苗，一次成苗。通常育苗方法是在播种前将播种床平整，上面铺4~5cm厚的营养土，浇足底水，然后撒播。播种后覆盖1~1.5cm疏松的营养土，利用大棚或温室内搭小拱棚育苗。

一般每平方米苗床可播种辣椒种子25~30g（每亩栽培面积需种量长辣椒类型为150g左

右,灯笼椒类型为120g左右)。当有30%的种子出苗后,及时揭膜并适当通风透光。如果出现种子戴帽现象,可适当撒干土。假植前3~4天适当进行幼苗锻炼,加强通风,白天温度控制在20~25℃,夜间控制温度在13~15℃。

(5)分苗:当有2~3片真叶时即应分苗,每个营养钵分1株。分苗应选冷尾暖头的晴天进行,边分边浇水,如果当时气温过高,小棚上可用草帘或遮阳网适当遮阳降温。分苗后随即用小拱棚覆盖,保温保湿4~5天,棚内温度保持在28℃左右。

(6)分苗后的管理:分苗后要保证地温达18~20℃,日温要求达25℃,并提高空气相对湿度,以促进缓苗。缓苗后要适当降温2~3℃,如棚内温度超过25℃,要加强通风,增强幼苗抗逆性。应强调的是,即使遇连续的雨雪天气,也要保持通风,以增强透光并增强幼苗抗性。苗期遇寒冷天气,应增加覆盖,以增强保温能力,如有条件,也可增设电加温线增温。幼苗前期浇水要勤,低温季节要适当控制浇水,做到钵内营养土不发白不浇水,要浇就要浇透水,浇水应选晴天午后进行。幼苗缺肥可结合浇水施肥。定植前一星期左右,将夜温降至13~15℃,并控制水分和逐步增大通风量炼苗。

苗期病害主要有猝倒病、灰霉病、菌核病,主要害虫有蚜虫、蓟马、茶黄螨、红蜘蛛等,应及时防治。

2. 整地定植

(1)整地施基肥:整地至少应在定植前半个月进行。整地要求深翻1~2次,深度需达30cm,并抢晴天晒土降低土壤湿度,提高地温。畦宽连沟一般1.2~1.4m,畦面要做成龟背形。施基肥与整地作畦相结合,每亩基肥的施用量为腐熟堆肥3000~4000kg,过磷酸钙和饼肥分别为80kg和50kg,或复合肥50kg,一般采用沟施法。大棚农膜应在定植前10~15天覆盖。

(2)定植期:辣椒的早熟栽培中,定植期主要是依据幼苗苗龄大小和天气状况来确定。在设施环境中定植辣椒,幼苗应具有9~10片真叶、株高20cm左右、茎粗约0.3cm,并开始发生分枝,带数个花蕾为宜。

(3)定植密度:为改善植株的通风透光条件,宜采取宽行密植,长季节甜椒畦宽(连沟)1.5m,株距40~50cm,一般以单行双干整枝方式栽培,即在宽为1.2~1.4m(连沟)的畦面上栽两行,株距25~30cm,每穴栽一株;或株距30~40cm,每穴栽两株。定植时强调浅栽,以根颈部与畦面相平或稍高一些为宜。

3. 定植后的管理

(1)光照管理:光饱和点30~40klx,宜扩大行距,及时整枝、打杈、定植后的生长前期,正处于低温弱光时间,应尽量增加光照,及时清除透明覆盖物上的污染,以促进作物前期的正常生长发育。

(2)温湿度管理:定植后5~7天应保持较高的空气湿度,而且要力争做到日温达25~30℃,夜温达15~20℃,地温在18~20℃以上,有利于新根的发生和促进对养分的吸收。植株进入正常生长阶段的生育适温白天为20~25℃，夜温不低于15℃，夜间地温不低于13℃。为了达到上述温度要求，白天大棚内气温在25℃以上时即应进行揭膜通风；夜间常需要进行多层覆盖，当夜间气温在15℃以上时，可昼夜通风。甜椒在15℃以下生育不良，35℃以上畸形果增多。

（3）肥水管理：在苗期轻施一次"提苗肥"，但氮肥不宜过多。进入结果期应加大追肥次数和数量，保证植株继续生长和果实膨大的需要。一般在采收两次辣椒后追肥一次，每次每亩追施尿素20kg、硫酸钾8kg，可采用穴施或条施。在水分管理上，缓苗后应适当控制水分，初花坐果时只需适量浇水，以协调营养生长与生殖生长的关系，提高前期坐果率。大量挂果后，必须充分供水，一般应保持土壤相对湿度在80%左右，有条件的地方，可采用膜下滴灌装置不流失水分和肥料。

（4）防止落花、落果、落叶：主要通过农业综合防止措施，包括耐低温、耐弱光品种的选择，保持适宜温度，白天25~30℃，夜温20℃左右，过高过低均易落花。此外还应注意合理密植，科学施肥，加强水分管理，及时防治病虫害以及使用生长调节剂等。

（5）调整植株：主要包括摘叶、摘心（打顶）和整枝等。摘叶主要是摘除底部的一些病残老叶，整枝是剪掉一些内部拥挤和下部重叠的枝条，打顶是在生长后期为保证营养物质集中供应果实而采取的有效手段。

甜椒长季节栽培的整枝方法有两种：一为垂直吊蔓，每畦种两行，进行单干整枝；另一种为每畦种一行，采取"V"形双权整枝，具体方法是：当植株长到8~10片真叶时，叶腋抽生3~5个分枝，选留两个健壮对称的分枝成"V"形作为以后的两个主枝，除去其他多余的所有分枝。原则上两大主枝40cm以下的花芽侧芽全部抹去，一般从两大主干的第四节位开始，除去两大主干上的花芽，但侧芽保留一叶一花打顶。如此持续整枝不变，待每株坐果5~6个后，其后开放的花开始脱落，待第一批果采收后，其后开的花又开始坐果，这时主枝和侧枝上的果全留果，但侧枝务必留1~2叶打顶，一般每2~3周整枝一次。

（6）病虫害防治：辣椒冬春季栽培的主要病虫害有猝倒病、立枯病、病毒病、炭疽病、疫病，以及蚜虫、茶黄螨、蓟马等，应及时防治。

4. 采收

辣椒早熟栽培应适时尽早采收，采收的基本标准是果皮浅绿并初具光泽，果实不再膨大。开始采收后，每3~5天可采收一次。由于辣椒枝条脆嫩，容易折断，故采收动作宜轻，雨天或湿度较高时不宜采收。彩色甜椒在显色八成时即可采收。

（二）日光温室辣椒秋冬茬栽培技术

1. 品种选择

秋季栽培的辣椒品种要求具备耐热、抗病毒病、优质等条件。秋季一般不适宜栽培甜椒，主要栽培汗椒1号、江蔬2号、淮研2号等微辣品种。

2. 培育壮苗

秋季栽培辣椒，其播种期一般应掌握在6月下旬至8月中旬，其中6月下旬至7月中旬播种者，其采收期一般为9月中旬至12月上中旬；7月下旬至8月上中旬播种者，其采收期为10月初至12月，甚至元旦、春节。

苗床多筑成深沟高畦，播种时浇足底水，覆土后使用遮阳网覆盖以降低土温，防止暴雨冲击。当有2~3片真叶时，一次性假植进钵，假植后要盖好遮阳网，拱棚四周最好围上隔离网纱，以防蚜虫传染病毒。气温高时要经常浇水，同时可根据幼苗情况补施薄肥（稀人粪尿）。苗期要注意防治蚜虫、红蜘蛛、茶黄螨、蓟马等，特别是蚜虫。

3. 整地施基肥

秋冬辣椒生长期长，要施足基肥，一般每亩施腐熟厩肥3000kg、复合肥40kg。基肥可结合整地施入土壤。

4. 遮阳定植

一般苗龄30~35天，有5~6片真叶时即可定植，每畦种两行（窄畦每畦种一行），株距25~30m。由于定植时温度较高，定植后在畦面覆盖稻草，或在大棚上覆盖遮阳网降温。

5. 田间管理

定植后应经常保持土壤湿润。进入开花期后，每15~20天可结合浇水进行施肥。一般每亩施复合肥8kg（前期可用人粪尿代替），如果单独施肥，则可采用条施，但施肥后，必须进行覆土。始花期由于气温较高，容易落花，用2，4-D、防落素等生长调节剂喷花，以促进坐果。进入10月中下旬，应及时对设施进行覆盖保温。开始时，白天温度较高，应注意通风降温，但到了11月下旬后，外界气温较低，通风一般只能在中午前后进行。进入12月后，除了大棚覆盖外，还需要搭建二重帘或小拱棚进行多层覆盖，以确保适宜的温度。

秋季栽培辣椒时病虫害较多，前期特别要注意病毒病（蚜虫）的防治，中后期应特别注意菌核病的防治。其他的病虫害主要有灰霉病、疫病、炭疽病、枯萎病、青枯病、红蜘蛛、蓟马、烟青虫、茶黄螨、小菜蛾等，也应及时防治。

6. 采收

秋季辣椒设施栽培的采收期一般自9月中旬至10月上旬开始，具体视播种期而异。当辣椒达到其固有的大小、形状、色泽时应及时采收，特别是前期采收更应及时。


### 三、日光温室茄子一大茬栽培技术

茄子日光温室一大茬栽培是指日光温室内一次定植、周年生产、长期供应的栽培形式。市场供应期长达240~260天，一般产量可达25~30吨/亩，效益4万~5万元/亩。

1. 品种选择

茄子一大茬栽培于6月下旬至7月上旬播种，9月上旬至中旬定植，到翌年6月下旬至7月上旬拉秧。由于整个生长期经历夏、秋、冬、春四季,宜选择生长旺盛、丰产性好、抗逆性强、低温弱光条件下坐果率高、色泽正、品质佳、无限生长型的品种。辽宁南部、东部地区喜欢紫长茄,栽培的主要品种有布利塔、尼罗、东方长茄等。砧木品种选用托鲁巴姆。

2. 育苗

(1)苗床准备:苗床要选地势较高地块,雨后不存水。床土选用未种过蔬菜的肥沃耕作土和优质腐熟农家肥,过筛后按7∶3比例混匀。每平方米苗床用50%多菌灵粉剂8g掺细土拌匀,2/3药土撒在苗床面上,1/3覆盖在种子上面,用塑料薄膜闷盖3天后即可。

(2)浸种、催芽:砧木种子浸种前晒种1~2天,再放入纱布袋中扎好口,用清水浸泡48小时,泡种过程中搓洗2~3次。接穗种子浸种先在清水中浸泡5~10分钟,再用50~55℃温水浸泡10~15分钟,当水温降至30℃时再浸泡5~6小时。砧木或接穗种子浸种后捞出用清水洗净,再用湿纱布或湿毛巾包好,在25~30℃条件下8小时、在10~20℃条件下16小时交替进行变温催芽,每天注意淘洗翻动,5~6天可出齐。

(3)播种:将催芽种子均匀撒播在苗床上,砧木托鲁巴姆种子拱土能力差,覆盖2~3mm厚药土,接穗种子覆盖10mm厚药土,上面覆盖编织袋,再压浸过水的稻草保湿降温。当砧木苗子叶展平,心叶黄豆大小时播接穗。

(4)苗期管理:

*播种后嫁接前管理*

苗期正值高温、多雨季节,播种后要注意遮阴、防雨、降温。茄子出苗适宜温度为白天25~30℃,夜间20~22℃,土温16~20℃。50%出苗后要去除覆盖物,使苗床见干,苗出齐后如苗床有些干,再用600倍多菌灵水浇1遍,遇雨支起塑料棚防雨。当砧木苗出2~3片真叶时移到10cm×10cm的营养钵内,按照同样标准移接穗苗到分苗床上。营养土配制及消毒同播种苗床,分苗后及时浇水,白天温度25~30℃,夜温20℃。秧苗正常生长后,注意降温防徒长。

*嫁接*

当砧木长至5~7片真叶、接穗长至4~6片真叶时采用劈接法嫁接。具体作法:将砧木3片叶处半木质化位置用刀平切去掉头部,然后在茎中间上下垂直切入1cm深切口;将接穗在3片叶处半木质化位置用刀削成楔形,楔形大小与砧木口相符,将接穗插入砧木后对齐,用嫁接夹子固定好。

*嫁接后管理*

嫁接茄苗用拱棚覆盖,嫁接后前3~4天白天温度在25~28℃,夜间温度在20~22℃,用报纸或遮阳网全部遮光,空气相对湿度保持在95%以上,3~4天后逐渐见光、通风,降低温湿度,10天后去膜进入正常管理,管理过程中及时摘除砧木侧芽、黄花叶,剔除未成活苗,将大小苗分类管理,炼苗等待定植。

设施园艺作物栽培新技术

3. 定植前准备

（1）整地施肥：结合整地，施优质农家肥5000kg/亩，尿素25~30kg/亩，磷酸二铵30~40kg/亩，硫酸钾30kg/亩。

（2）棚室消毒：定植前7~10天，可用50%多菌灵粉剂或50%甲基托布津粉剂30kg/hm²掺干土拌匀后进行消毒。

4. 定植

嫁接苗长至5~6片真叶时定植。宽行110cm，窄行50cm，株距40cm，定植2000~2200株/亩。定植时嫁接口要高出垄面3cm，防止接穗受到土壤中病菌的侵染，定植后苗坨要浇足水，水下渗后及时封土，采用滴灌的下好滴灌管，窄行的两垄间覆盖地膜。

5. 田间管理

（1）温度管理：由于定植时温度较高，定植后1~2天中午要用草苫或遮阳网遮光，防止萎蔫。缓苗后至开花期温度保持在白天26~30℃左右，夜间16~20℃，开花结果期白天温度控制在25~30℃，夜间15~18℃，最低不要低于10℃。10月下旬盖草苫，11月下旬盖纸被，翌年3月份以后要加大放风量。

（2）光照管理：茄子生长对光照要求较高。严冬季节要挂反光幕，改善光照条件，经常清洁膜面，提高透光率。在保证温度的前提下，要尽量早揭晚盖草苫，增加日照时间。阴天、雪天要拉开草苫见光。

（3）肥水管理：采用窄行间膜下灌水（或滴灌），定植后3~5天浇1次缓苗水，一般在门茄坐果前不浇水。开花前控制水分，初花期需水量增加，要及时补水，盛花期及结果期可多次补水。前期温度高、蒸腾量大，增加补水次数，严寒天气尽量少补水或不补水。门茄开始膨大时进行追肥，施三元复合肥25kg/亩，结合追肥浇第1次水。门茄收获后，浇第2次水，追2次肥（数量同上）。以后每隔10天浇1次水，20天左右施1次肥。结果盛期要侧重于氮肥的施用，一般施尿素50kg/亩或氢铵100kg/亩，同时进行叶面施肥，用宝力丰1.5kg/hm²对水225kg叶面喷施。追肥、灌水主要看植株的生长状况来决定。

（4）植株调整：嫁接茄子生长势强，生长期长，需及时整枝，改善通风透光状况。植株长至30~40cm时用塑料绳或尼龙绳进行吊秧。整枝方式为双干整枝，门茄以上，每对茄下留1个侧枝，侧枝下各留1个茄子，上面留1片叶掐尖，当2条主干离棚布30cm或达到人举手高度时掐尖。主干掐尖后，在下部萌发的新枝上均留1个茄子、1片叶掐尖。在整个生长过程中，及时摘除老叶、病叶，除掉砧木上萌发的侧芽。

（5）保花保果：为防止茄子落花、落果，促进果实迅速膨大，需对茄花进行生长素处理，一般在花朵开放一半时，在晴天的上午用番茄灵或防落素，喷或涂花柱头部位。

6. 病虫害防治

（1）病害防治：病害主要有茄苗猝倒病、立枯病、灰霉病和绵疫病。用50%多菌灵可湿性粉剂每平方米苗床用8~10g，与细土混匀，播种时下铺上盖，播种出苗后、嫁接后6天和13天各喷72.2%普力克水剂800倍液1次，防治猝倒病与立枯病。用75%百菌清可湿性粉剂500倍液喷雾，7~10天喷1次防治灰霉病。用80%代森锰锌可湿性粉剂600倍液喷雾，7~10天喷1次防治绵疫病。

（2）虫害防治：虫害主要有蚜虫、白粉虱和茶黄螨。苗定植3~4天，用15%哒嗪酮2500倍液或用1.8%阿维菌素乳油3000倍液喷雾防治茶黄螨，现蕾至结果期再查治1次。用粉虱净或阿克泰2000~3000倍液喷雾防治蚜虫和白粉虱。

7. 采收

茄子一般开花后20~25天即可采收。门茄宜适当早摘，以免影响植株生长。从对茄开始要适时采收，即看萼片与果实连接处的环状带不明显或消失时，表明果实已停止生长，应及时采收。

8. 生理病害防治

棚室栽培的茄子，其结果初期正值低温弱光期，容易出现各种生理障碍，根据其成因应采取相应的防治措施。

（1）嫩叶黄化

幼叶呈鲜黄白色，叶尖残留绿色，中下部叶片上出现铁锈色条斑；多肥、高湿、土壤偏酸或锰素营养过剩，抑制铁素吸收等，易导致新叶黄化。防治措施:发病后，叶面上喷硫酸亚铁500倍液（勿过重）；田间施入氢氧化镁和石灰，调整土壤酸碱度；补充钾素以平衡营养，满足或促进铁素供应。

（2）花蕾不开放

子房不膨大，花蕾紧缩不开放，影响授粉受精而成僵果。在寒冷季节，缺水，空气湿润，土壤pH值在7.5以上，土壤中硼的有效性降低；田间有过量石灰钙，诱发植株缺硼，均可造成花蕾长时期不开放。防治措施:叶面上喷硼砂700倍液或氨基酸多肽授粉剂。

（3）果实僵裂

果实僵硬而不膨大，皮色无光泽，有花白条纹，浇水后成裂果，长不大。茄皮木栓化后遇晴天浇水会裂果。防治措施:定植后期每次每亩施纯磷2~3kg；结果期主要施入钾肥。

（4）落叶掉果

低温期下部叶黄化脱落，高湿期幼果软化自落。温度过低，氮、磷肥施入过量而使土壤浓度大，植株均会因长期营养不平衡而老化，是缺锌引起的植株赤霉素合成量降低的后遗症。叶柄与茎秆、果柄与果实连接处因缺乏生长素形成离层后脱落。防治措施:老化秧叶面喷硫酸锌700倍液，或每亩施硫酸锌1kg，也可在叶面上喷绿浪等含锌多的营养元素防落促长。

9. 保护地茄子栽培管理小技巧

（1）涂抹2,4-D保花保果

为提高大棚茄子坐果率，一般采用2，4-D抹花。使用时间为含苞待放或刚刚开放，今天涂抹次日开花为宜。使用浓度为20~30ppm，温度低时用高浓度，温度高时浓度降低。注意2，4-D药液不要溅在叶片或茎上，以免发生药害，也不要浓度过大，以防裂果。

（2）茄子黄萎病防治法

黄萎病又称凋萎病，主要危害茄子成株，一般在门茄坐果以后发病。发病初期在植株中下部个别枝的叶片上表现症状，叶片边缘和叶脉间退绿变黄，多呈斑块，逐渐变为黄褐色。有时病叶在晴天高温时呈萎蔫状。随着病情的发展，病部扩展到整个叶片，引起上卷，最后则全叶枯黄、下垂、脱落。病害逐渐由下往上，从半边向全株发展，最后整株死亡，只剩茎秆。

防治办法：定植前每亩用50%多菌灵可湿性粉剂1.5kg，加10倍细干土拌匀撒在定植穴内。发病初期用50%多菌灵可湿性粉剂500倍液或70%滴涕（dt）可湿性粉剂500倍液灌根，每株用药液0.3~0.5kg，隔10天一次，连灌2~3次。

（3）棚室茄子畸形和僵果防治

长时间低温和连阴天气，大棚内茄子容易出现畸形和僵果现象，甚至落花落果现象严重，对茄子前期产量影响很大。

采取措施：

加强苗期的管理，提高茄苗素质。在花芽分化期间，注意加强管理，控制好环境条件，提高花芽分化质量。

生长期管理，降温时注意保温，控制好茄子生长的适宜温度，特别是保证开花前后适宜温度，连续阴雨天气，注意充足光照，可采用挂放光幕的方法，补充光照。

严格控制好激素浓度，以防激素浓度过高，造成畸形果或僵果。

# 第二节　瓜类蔬菜设施栽培新技术

瓜类蔬菜是葫芦科（Cucurbitaceae）中果实供食用的栽培种群。我国栽培的瓜类蔬菜有10余种，其中最重要的为黄瓜、西瓜、瓠瓜、中国南瓜、西葫芦、普通丝瓜、冬瓜、苦瓜、甜瓜、笋瓜等。

瓜类蔬菜是全世界（包括中国）的主要蔬菜作物，在生产和消费上占有重要位置。

瓜类果实中，甜瓜、西瓜和南瓜的碳水化合物含量高，新疆哈密瓜不仅碳水化合物含量高，还含有较多的硫胺素、蛋白质和抗坏血酸等；苦瓜、丝瓜和蛇瓜的蛋白质含量高，碳水化合物含量较高，苦瓜和蛇瓜还含有较多粗纤维，苦瓜抗坏血酸含量最高。冬瓜、丝瓜、瓠瓜、苦瓜、西瓜和南瓜等都有药用功效，是保健蔬菜。

### 一、日光温室黄瓜栽培技术

北方地区黄瓜的日光温室茬口主要有: 早春茬、秋冬茬、冬春茬, 具体安排如下。

(1)日光温室冬春茬。一般于10月下旬至11月上旬播种育苗, 11月上旬至12月上旬定植, 1月中下旬开始采收, 5月下旬至6月下旬采收结束, 采收期长达130~150天, 产量高, 经济效益好。该茬口是日光温室的主要栽培茬口。

(2)日光温室早春茬。一般于12月下旬至1月上旬播种育苗, 2月中下旬定植, 采收期是3月上中旬至6月上中旬。

(3)日光温室秋冬茬。一般于8月中下旬至9月上旬播种育苗, 9月中下旬定植, 定植30天后即可采收根瓜, 盛果期在10月中下旬以后, 充分发挥日光温室的保温性能, 避开大棚秋延后黄瓜的产量高峰, 以供应元旦、春节两大节日市场, 获得较好的经济效益。

(一)日光温室冬春茬黄瓜高产栽培技术

1. 茬口安排

(1)栽培时间安排: 根据北方地区气候特点及市场情况, 一般在10月下旬播种育苗, 12月上旬定植, 1月下旬开始采收上市, 至翌年的6~7月份结束。

(2)前茬作物的选择: 为防止病害发生, 前茬作物应尽量避开瓜类作物, 适宜的茬口应为茄果类和叶菜类及豆类作物。如番茄、甘蓝、油菜、豆类等。

2. 育苗技术

(1)品种选择

日光温室冬春茬黄瓜大多采用以主蔓结瓜为主的耐低温弱光、植株长势旺又不易徒长、分枝较少、雌花节位低、节成性好、产量高、抗病力强的品种。

目前推广较多的品种有新泰密刺、山东密刺、津优1号、津优2号、津春3号、津春4号、长春密刺、中农5号等优良品种。

(2)浸种催芽与播种

①浸种。温汤浸种前, 先用25~30℃的温水浸泡0.5~1小时, 烫种的适宜水温55℃左右, 对入的水一般要达到60℃, 一般水量相当于种子重量的6~7倍即可。加水后要不停地朝一个方向搅拌, 直到水温降到25~30℃, 其间历时15分钟左右。然后用25~30℃的温水静止浸泡2~4小时, 随后用布搓洗, 用水冲净种子表面的黏液。

②催芽。捞出种子, 控去多余水分, 再用干净的湿布包起, 置于28~30℃的环境下催芽(放到内衣口袋最为保险)。当种子萌动出现"崩嘴"时, 适当降低催芽温度。冬春茬黄瓜育苗多宜采取贴大芽播种。芽长达到种子长度的1~1.5倍时即可播种。如果临时遇到阴天, 可把催好芽的种子放到10℃的地方, 每天用凉水洗1遍, 等天好了再播种。

③播种。播种一定要选在晴天的上午进行。播种时, 先在预先打足底水和经过消毒的苗床上, 按10cm×10cm的株行距划稍深一些的沟, 将种子的长芽插入十字道的孔里, 种子置放

床面即可, 尔后用湿的细土弥缝覆土。覆土深度因种子在地上部分的姿态不同而异, 要区别对待, 覆土达到种子似露不露的状态。一般的催芽播种时, 将种子芽朝下点播, 而后用湿的细土封堆覆土, 厚1~1.5cm, 最后在苗床上用筛子普遍筛上薄薄一层细土即可。

（3）苗期管理

①温度管理: 黄瓜喜温怕寒, 温度的管理显得格外重要, 掌握适宜温度是控制幼苗徒长而促进根系发育及花芽分化的有力措施。播种至出土前要提高温度, 白天30℃左右, 夜间20℃以上, 以利早出苗。当有2/3的幼苗开始出土时, 及时放风降温, 白天25~30℃, 夜温控制在8℃左右, 防止形成高脚苗。第1片叶出现后到四叶期是花芽分化期, 适当降低夜温不仅可防止徒长, 且有利雌花分化, 白天20~25℃, 夜间15~18℃。定植前10~15天, 逐渐加大白天放风量, 减少夜间覆盖, 进行幼苗锻炼。

②光照调节: 增加光照对培育壮苗很重要。常见一些农户始终不敢揭开膜, 结果由于光照弱, 湿度大, 苗子细弱柔嫩, 病害也重。特别是遇到连阴天, 饥寒交迫, 苗子常会干枯或死亡。所以, 覆盖苗床应采用防雾流滴的塑料薄膜, 即使是阴天, 也要整天或在温度高一点的时候揭开棚膜排湿, 增加光照。

③水分管理: 水分管理包括两个方面的内容, 即苗床浇水和空气湿度调节。

黄瓜根系吸水能力弱, 土壤水分宜充足, 一般要保持田间最大持水量在80%~90%。但不能浇水过度, 床土湿度大, 是造成沤根的主要原因。

温室空气湿度主要是来自床土水分的蒸发和秧苗的蒸腾。控制土壤水分蒸发有减少浇水次数和提高地温的作用。方法是, 向床面撒些干细土（片土）, 多次片土还有围根诱发新根的作用。土壤水分过大时, 可以通过耧划和在株行间撒草木灰, 放掉和吸去一部分水分。夜间, 把草苫盖到塑料薄膜的里面, 也可吸去一部分水分, 但白天要拿出去晾晒干。

④苗龄和壮苗标准: 冬春茬黄瓜的日历苗龄以35~40天为宜; 其壮苗生理指标为株高10~13cm, 茎粗0.6~0.8cm左右, 叶片数3~4片, 叶片大而厚, 颜色浓绿色, 节间短, 下胚轴3~4cm长, 根系发达而洁白, 花芽分化早, 无病虫害。

3.定植技术

（1）施肥整地

目前, 一些过去以种植粮食为主的田地, 改成温室以后, 亩用基肥量: 优质圈肥4000~7500kg, 碳酸氢铵100kg, 过磷酸钙150~200kg, 或用磷酸二铵30~40kg代替上述两种化肥, 饼肥100kg左右, 草木灰150kg, 有条件的还可亩施硫酸锌1kg左右。实践证明, 只有多施优质圈肥, 才能保证苗壮、病少、产量高。也才有可能运用"短、平、快"的节奏管理方法。

（2）定植时间

冬春茬黄瓜定植日期常受到室温是否达到了定植的要求, 秧苗是否达到了要求的苗龄, 前茬作物是否腾出了定植空间, 是否遇到了连续晴天和定植准备工作是否就绪等因素的限制。如果上述条件不具备，就不能草率从事，因为这茬黄瓜稍晚几天定植，苗子稍大一些也无妨。但此间可以做一些坨晒坨、分散苗子、扩大营养面积和炼苗的工作。定植必须选晴天进行。

（3）种植形式及密度

冬春茬黄瓜属于早熟栽培，应以密植为主，目前国内在日光温室冬春茬黄瓜栽培上采取南北行向定植，主要有这样几种形式和株行距配置方式：一是高畦栽培，1.1m一带，畦宽65cm，高10cm，步道（沟）宽45cm，畦面栽双行，相距45cm，株距为30cm，这样就形成了45cm×65cm的大小行种植形式。二是70cm垄作等行距栽培，垄高15cm，株距25cm。三是70cm×100cm的大小行垄作栽培，株距平均23cm左右。四是等行距主副行变化密度栽培，就是按1m行距开沟，在沟内集中施肥，按50cm等行距起垄。施肥沟上的垄是主行垄，施肥沟之间的垄称副行垄，垄高均12~15cm。在主垄上栽满行，平均株距23cm，在副垄的前部只栽5棵，株距20cm，这样就形成了一长一短主副行栽培的形式。副行摘几个瓜后，当影响到主行的生长时就拔除，其后这条垄就变成了田间作业的专用通道，这样也就变成了1米等行距种植的格局。

（4）选苗与定植

①大小苗分级分栽：定植前要进行选苗，把苗子大体分为大、中、小三等。就整个温室而言，大苗宜栽到温室前沿、两山墙处和进门一端，小苗定植到温室中部和远离温室进出口的一端。就一行而言，大苗在前，小苗在后。这样有利于使整个温室的瓜秧长得均匀一致。以为温室前部低矮，就栽小苗的做法是错误的。定植尚有剩余苗子时，除留足补苗外，其余可在水道后东西栽成一行。

②定植：黄瓜是在垄上开穴栽植的，定植时地温低直接影响到发根缓苗和后来生长。所以，定植时就要创造有利于提高地温、促进缓苗的措施：一是定植必须选在晴天的上午进行，力争在下午2时前结束，定植后能赶上3~5个晴天最为理想。二是实行垄作，垄高15cm左右。三是栽苗不宜深，覆土封穴后苗坨与大垄面持平即可。四是栽后只穴浇稳苗水，不能顺沟满浇水。水温不能低于20℃，最后用40~50℃的温水。严禁用室外坑塘水、河流和渠水，特别是用带有冰块的水来浇灌。定植遇到阴天，只定植不能浇水。五是定植后要尽快覆盖地膜，有条件或有必要时要覆盖小拱棚。

4.定植后根瓜采收前的管理技术

（1）缓苗期管理

缓苗期（定植后到心叶开始生长）影响缓苗的外界因素主要是温度和水分，首先是缓苗前严禁顺沟浇大水，强调分棵单浇2~3次水。其次是水温不能低了，最好是在温室里先将水预热。

缓苗期室温要尽量提高，一般力争达到35℃，夜间不低于18~16℃。缓苗期要密封温室，盖严小拱棚，这样做还有利于保持较高的空气湿度。另外，外保温设备也要充分地利用起来。

当新根长出，心叶开始生长时，缓苗期已告结束（一般历时7~8天），此时，要选晴天顺沟浇一大水。肥料不足时，在浇水前，最好开沟追入芝麻饼肥每亩100~150kg，并适量掺入磷肥，但不准加入速效氮肥。这一肥对植株生长，特别是结瓜有着极好的作用，瓜秧壮，病害轻，而且肥效集中发挥在结瓜期，可获得高产。将肥料与土拌匀后，再用土封严，尔后浇水，称以水压肥。

（2）缓苗到根瓜采收前的管理

缓苗后到根瓜采收前管理的主攻目标是培养壮株。在管理上仍然以促为主，特别是栽用长龄大苗的，更不能出现明显的控制苗子生长的做法。此间管理的主要措施是：

①中耕提温保墒。在缓苗后沟浇水的基础上，要反复中耕。操作前要拨土探视新根伸长达到的位置，以免中耕时伤根。

②适当降低温度。白天30℃左右，夜间16~14℃。对于有徒长趋势或预感到雌花分化不好的苗子，夜温还可降低到12℃左右。但地温应尽量保持高些。

③灌药和喷用激素。在定植后8~10天，用25%瑞毒霉（甲霜灵）可湿性粉剂600~800倍液搞一次淋茎灌根。同时开始喷用5406、增瓜灵、黄瓜灵、爱多收、植物多效生长素、蔬菜灵和丰产素等激素和液肥。

④偏管弱小苗。对于个体生长差的弱小苗，可用尿素和磷酸二氢钾500倍液灌一次根，还可采用塑料帽覆盖等措施，单株进行护理，促使弱苗转壮。普遍表现苗弱时，可结合灌瑞毒霉时加入磷酸二氢钾和尿素。

发现苗子确实缺水时，应顺沟浇小水。

⑤插架、吊蔓和植株调整。冬春茬黄瓜枝叶繁茂，一般采取插架绑蔓为好，目前一些地方开始采用吊蔓。当植株长有6片真叶，卷须出现时就开始插架或吊蔓。若定植早，为在异常天气时进行保护或小拱棚内多生长一段时间，可以先用短棍代替架材作临时支架。插架绑蔓时，为防止瓜蔓过早达到棚顶，可先直绑，待往上绑时，再将瓜蔓沉落，调整为"S"形。吊蔓时先不用做这种曲蔓，到时候沉落蔓就可以了。绑蔓和沉蔓都要调整使植株高度基本一致，或南低北高。

绑蔓和吊蔓时，要结合掰掉下部赘芽和侧枝，摘除雄花和卷须，但不要伤及叶子，同时要将叶子摆布均匀，防止互相遮挡，影响采光。

（3）掌握好第一次追肥浇水的时机

黄瓜开肥开水的时间重要，早了会徒长疯秧，晚了可能出现瓜坠秧的情况。就生长正常的植株而言，第一次追肥浇水的适期是在根瓜膨大时，即大部分植株根瓜长到15cm左右。但若长势旺，结瓜正常且不缺水，可推迟到根瓜采摘时进行；若长势弱，土壤缺水，结瓜不正常时，就要提前浇水。

**5. 结瓜期的管理技术**

（1）初瓜期的管理

开始结瓜后的20天是结瓜前期，此期黄瓜既要结瓜又要长秧，在管理上应稍偏向于促秧，为盛瓜期打下基础。此时宜采用常温管理，晴天白天上午25~28℃，不超过32℃，夜间16~14℃。一般每6~7天浇五水，15~20天追一肥，每亩每次用硫酸铵20~30kg。

（2）盛瓜期管理。

在初瓜期正常温度和肥水管理的基础上，进入结瓜盛期后，管理上就能走不同的路子：一是常温管理；二是高温管理。

按白天25~32℃，不超过35℃，夜间18~16℃，后半夜14~12℃，称常温管理。其管理温度比初瓜期要高，结瓜数量和速度明显加快，所以水肥管理水平也要提高。一般天气好时，7~8天追一肥，3~4天浇一水，每亩每次用硫酸铵15~20kg，这样管理出来的黄瓜，植株长势健壮，结瓜时间长，总产量高。季节差价不大，消费水平不是太高的地方，或定植晚、结瓜迟，以总产量高来保产值的温室，可采用此种管理方法。

（3）结瓜后期管理

结瓜后期植株已衰老，管理上以促为主，防止早衰。要适当加大放风量，并逐渐过渡到昼夜放风，降低棚温，浇水次数也要相应减少，控制茎叶生长，促使多结回头瓜。追肥以钾肥为主，适当补氮，并注意多喷叶面肥。由于后期营养不良、畸形瓜、苦味瓜也开始出现，病害也随之发生。此期，黄瓜价格也降很多，长势一天不如一天，若没有效益时，要及时拉秧清园，翻地晒垡灭菌。

**6. 采收**

这茬黄瓜适于早采，能提高价格和早期产量。尤其是根瓜必须早采，使蔓和瓜同时生长，如果瓜秧旺、幼瓜多时，要疏瓜，并适当控水；如果秧细弱或花打顶时，把幼瓜全部丢掉；并加强水肥管理。采瓜在早晨进行较好。为了保鲜，还应在瓜筐内垫上塑料膜保湿。

（二）黄瓜保护地栽培小技巧

**1. 通过观察生育期形态特征来判断并调节栽培的有关技术**

（1）水分情况。水分充足、夜间温度高时茎和叶柄夹角小，叶柄长、叶片大而薄，叶缘缺刻少，叶形发圆，茎较高，雌花出现晚，这就是徒长的表现。在缺光时更严重。应适当控制浇水，降低夜间温度，加大昼夜温差。

初花期发现龙头紧聚，是土壤水分不足的表现，可适当灌水；丰产性植株叶柄与茎约成45度角，叶片平展；叶柄与茎的夹角小于45度，叶片下垂是水分不足的表现，应及时灌水。

（2）通过瓜条判断生长情况。健壮植株结成的黄瓜，瓜条垂直，前端稍细；瓜条较短，前端钝圆，说明是植株长势弱时结的瓜；植株生长势弱，干物质生产少，容易产生尖嘴瓜和大肚瓜，并且多数是弯瓜。

（3）通过开花判断生长情况。植株生长势强，伸长的雌花向下开放，花瓣大，色鲜黄；植株生长势弱，伸长的雌花短而细，子房弯曲，横向开放，花瓣色淡；植株生长更弱时，雌花甚至向上开放。

2. 黄瓜嫁接中要重视的几点措施

黄瓜嫁接技术的应用，可以明显促进植株的生长，增强抗逆性，能有效预防因连作重茬引起的枯萎等病害的发生。减少用药，提高黄瓜产量和品质，是大棚生产中大力倡导的一项实用栽培技术。应用黄瓜嫁接技术的种植户，注意以下几方面的操作技术：

（1）根据采用的嫁接方法，确定接穗黄瓜和砧木南瓜的播种时间。采用靠接方法的，黄瓜比南瓜早播种5天左右；采用插接方法的，黄瓜比南瓜晚播种5天左右。

（2）嫁接时，南瓜的生长时间长短要合适。嫁接用的南瓜苗茎部要充实，一般生长时间不应超过14天，如果生长期过长，则茎部出现中空，影响嫁接质量。

（3）插接时，最好的插接部位是在南瓜两片子叶的中间，这样黄瓜和南瓜的切口面积接触大，有利于嫁接苗的成活。黄瓜的切口部位要短一些，一般在生长点下0.5厘米处即可，这样嫁接后黄瓜不宜倒伏，便于管理。

（4）靠接时，尽量选择南瓜、黄瓜株高和茎粗相近的进行靠接，黄瓜的切口部位要比南瓜的切口部位高一些，并且切口要在黄瓜的子叶下方、南瓜的两片子叶中间，这样嫁接后，黄瓜叶片在南瓜叶片的上面呈"十"字形，有利于提高嫁接苗的成活率和嫁接质量。

（5）在南瓜子叶中间进行插接的，可以不用夹子固定，以节约成本和节约人工。

（6）嫁接后，要及时将秧苗栽在营养钵内，覆土不要离切口很近，如果覆土距离切口太近，喷水时溅起的泥水落到切口上，极易引起切口的腐烂。另外，黄瓜生长中出现的须根会直接扎入土壤，利用自生根生长，失去嫁接意义。

（7）嫁接苗栽到营养钵后，扣小环棚，上盖塑料膜和遮阳网或无纺布，保持秧苗在黑暗的环境中4天左右，以促进切口愈合。

（8）一般遮阴4天后，可逐渐去掉遮阳网或无纺布，但要循序渐进，由小到大。刚去掉遮阳网时，如遇强光一定要再进行覆盖遮阴。同时注意适时通风，防止秧苗徒长。

（9）嫁接后的4~5天内，如果苗床内湿度合适，可以不喷水。但因湿度小，叶片出现萎蔫时，要及时喷水，水量要小，喷水可用喷雾器喷水，喷头向上（向空中）进行喷雾，避免直接将水喷入切口，引起腐烂。

（10）切口愈合前，苗床一定要保持较高的温度，前几天白天要保持在28℃左右。切口愈合后，要逐渐降低温度和湿度。

3. 黄瓜常见生理障碍

（1）化瓜：即刚坐住的瓜纽和正在发育中的瓜条，生长停滞，由瓜尖至全瓜逐渐变黄、干枯。

防止化瓜的根本措施就是创造适宜黄瓜植株生长的环境,加强水肥管理,适时采收和疏花疏果,以减少小瓜同茎叶或其他果实间的养分竞争。

(2)花打顶:即黄瓜植株生长点不再向上生长,顶端出现雌雄花相间的花簇,不再有新叶和新梢长出,形成"自封顶"。黄瓜"花打顶"主要是夜温偏低,昼夜温差过大造成的。

防止"花打顶"首先应避免夜温过低,保证花芽分化阶段夜温不低于13℃,同时加强水肥管理,及时中耕松土,促进根系发育。对已出现花打顶的植株,要及时采收商品瓜,并疏除一部分雌花。一般健壮植株每株留1~2个瓜,弱株上的瓜全部摘掉以抑制生殖生长,迫使养分向茎叶运输。

(3)畸形瓜:弯瓜、尖头瓜、大肚瓜、蜂腰瓜等非正常形状的瓜。

生产中可通过花期人工授粉、放蜂授粉、结果期加大水肥供应等措施来减少畸形瓜的发生。

(4)苦味瓜:黄瓜设施栽培中,经常出现苦味瓜,苦味轻者食用略感发苦,重者失去食用价值。

生产中可通过选用不易产生苦瓜素的品种、配方施肥、及时灌水、勤中耕、合理通风降温等措施来减少苦味瓜的发生。

4.黄瓜霜霉病的综合防治技术

(1)选用抗病品种。

(2)育苗床与生产地隔离。定植时淘汰病苗、弱苗。

(3)起垄栽培,地膜覆盖,施足基肥,少浇水、浇小水。

(4)高温处理。发病初期,于晴天上午关闭通风口,使棚内气温升高到43~45℃,维持2小时然后慢慢通风降温。处理时必须注意棚内的湿度,一定要高,如果土壤干燥,应在前一天浇一水;棚内不同部位挂温度表,表高与黄瓜龙头相平,随时观察温度的变化勿使其温度超过45℃。

(5)药剂防治。使用百菌清烟雾剂防治效果好,操作简便,布药均匀,尤其在阴雨天湿度大时不会进一步增加棚内湿度。具体做法是每立方米空间用药0.1~0.2g,55%百菌清烟雾剂每亩用量300g左右;为布药均匀,可在棚内设5~6处放药点燃。也可以用75%百菌清可湿性粉剂600倍液,或72.2%普里克水剂800倍液,58%甲霜灵锰锌可湿性粉剂500倍液,或40%乙膦铝可湿性粉剂300~400倍液。上述药剂交替使用,每种药只能使用一次。

**二、日光温室甜瓜冬春茬栽培技术**

日光温室厚皮甜瓜冬春茬栽培,一般12月上中旬播种,翌年1月中下旬定植,3月上中旬开始采摘,多数温室6月中旬拉秧,部分温室可延至7月中旬拉秧。冬春茬厚皮甜瓜冬季生产的难度是连阴天,尤其是在1~2月份低温阶段的连阴天和下雪天。连阴天时由于室内气温低,墙体、地面和后坡蓄热量小，造成早上6时前后室温过低，一旦出现低温寒害，会给生产造成严重损失，所以建造温室首先要考虑到保温条件。

要求采用高效节能型日光温室，这样的温室当冬天室外温度在-16℃时，室内温度可达5℃左右，如不遇连续阴天还可提高2~3℃。即使出现5℃左右低温也是短时低温，对甜瓜生长没太大影响。一般情况下，室内最低气温在10~12℃。按以上标准建造的温室，多数年份冬季不加温，甜瓜能够安全越冬。

（一）品种选择

品种应选择早熟、耐低温、耐弱光、抗病、丰产、品质佳的品种，经过多年试种选择，以迎春、伊丽莎白、育花太阳、丰田、状元、维多利亚等品种表现较好。

（二）育苗

育苗有常规育苗和嫁接育苗两种方式。

1. 常规育苗

生产上多在日光温室内采用电热温床和营养钵育苗。育苗营养土是用肥沃的大田表土4份、腐熟马粪3份和过筛的炉渣3份，混合均匀配制而成，并按1m²育苗营养土添加0.5kg磷酸铵和0.5kg硫酸钾。播种前将种子平摊在纸上或席上，放在阳光下晒4~6小时，然后用温汤浸6~8小时，最后将种子用纱布包好，置于30~35℃下催芽，经过24~36小时，当70%~80%的种子萌芽时，即可播种。每个营养钵播1粒发芽的种子，种子下铺0.5cm厚的药土，上盖1cm厚的药土（50%多菌灵1份、土200份），以利防病。

出苗前，床温维持在27~30℃；出苗后至第一片真叶显现，白天温度控制在25~30℃，夜间13~20℃；第一片真叶至二叶一心时，白天温度控制在25~35℃，夜间15~20℃；定植前5~7天，白天温度控制在20~30℃，夜间8~17℃。

出苗至二叶一心期间，经常保持土壤湿润，育苗土持水量维持在80%左右，防止水分过多；缺水时，可浇25℃温水，水渗入后覆2mm厚药土；定植前2~5天，控制浇水，保持育苗土持水在60%~65%；定植前1天，苗床浇透水。

2. 嫁接育苗

砧木通常采用新土佐南瓜，采用靠接法进行嫁接。南瓜播期一般较甜瓜晚4~6天，应准确确定南瓜播期。即在甜瓜子叶展平时，开始浸南瓜种，甜瓜第一片真叶半展开时播南瓜种。南瓜子叶展平，甜瓜一叶一心为嫁接适期。

嫁接时在南瓜幼苗子叶下1~2cm处，向下40°角斜切一刀，甜瓜比南瓜刀口位置靠上1.5~2cm，向上35°~40°角斜切，使砧木与接穗的切口嵌合，用嫁接荚固定后栽入营养钵内，浇水并摆放苗床。

嫁接后适当浇水、覆盖拱膜，严密封闭，用苇箔遮成花阴，使相对湿度达95%以上。前3天温度白天25~28℃，夜间18~20℃。成活率的高低和苗质好坏，与夜间温度的高低密切相关。

第四至十天逐渐打开拱棚两头放风,放风口从小到大,7天即可撤去拱膜,从第三天开始光强时盖遮阴苇箔,光弱时撤去。5天以后若幼苗不打蔫即可撤除苇箔。4天以后白天温度可控制在25~28℃,夜间18℃,地温应始终保持在20~22℃。

断根宜早不宜迟,一般按上述管理,3天伤口愈合,7天维管束接通,10天选小部分进行断根,光强时可能有轻度萎蔫,用苦适当遮阴就能恢复正常,10天后就可全部断掉甜瓜根,留茬要小,断根后即把甜瓜根拔除。

(三)定植前的准备

1. 整地施肥

每亩日光温室施用腐熟鸡粪$4m^3$,腐熟猪粪$6m^3$作基肥,施肥时再添加尿素50kg,磷酸二铵50kg,硫酸钾20~30kg。将2/3的肥料撒施后翻入20cm耕层土壤中,土粪混匀,其余1/3集中沟施在暗沟下(小行中间)35~40cm深处。

2. 做畦

整地施肥后,按50cm、80cm的大小行起垄栽培,窄垄上覆地膜。

(四)定植

1. 定植期

当幼苗二叶一心、苗龄为30~35天时定植。定植应选在晴天进行,在小高垄上定植幼苗,平均株距38cm,每亩日光温室栽苗2200株,以1月中下旬为好,但从市场和经济效益方面考虑,则可提前到12月上旬至1月上旬。这里的关键问题是要保持地温不低于12℃,开花期地温要在18℃以上。

2. 定植密度

冬春茬栽培,种植密度过高会影响地面见光,而造成地温低,但种植密度低会造成产量也低,直接影响到收益。根据大面积调查,较适宜的种植密度为每亩2200株左右,一般株距45cm左右。这样既有利于通风、透光,提高地温,又利于安全越冬。

(五)定植后的管理

1. 温度管理

定植至缓苗期间,白天温度保持在25~35℃,夜间15~20℃;缓苗后至坐果前,白天温度保持在25~30℃,夜间15~20℃;坐果至采收前7天,白天温度保持在25~32℃,夜间16~20℃;采收前1~7天,白天温度保持在25~35℃,夜间15~20℃。

2. 肥水管理

秧苗定植后,选晴好天气在暗沟中浇定植水,若遇阴雪天气,一定要等天晴两天后再浇水;结果预备蔓上的雌花开放前3天,上午暗沟浇小水,保持沟中土壤湿润;开花坐果期间不浇水,当幼瓜坐稳时,先在暗沟中浇1次小水,3天后在大行间浇1次大水,随水每亩追施尿素20kg,磷酸二氢钾20kg。浇水要适量,防止大水漫灌。采收前7天,停止浇水。头茬瓜采收后,恢复浇水并随水追肥,追肥量同前,以促进二茬瓜生长。二茬瓜及以后各茬瓜生长期间,平均7天浇水1次,15天追施1次肥料,以满足植株和果实生长发育的需要。

3. 光照管理

棚内温度和光照的调控,一方面要考虑到各阶段甜瓜植株的生理需要,另一方面还要考虑到采用生态方法预防病害的发生。定植后要尽可能地延长光照时间,提高棚内温度,提高地温,为从定植到开花期蹲好苗创造有利条件。甜瓜苗定植后也是低温季节,保温比其他管理更为重要。蹲苗期,深扎根、多扎根是管理的中心目标。在一般情况下,早8时半揭苫,下午4时盖苫,冬暖式温室前半夜温度保持在17~15℃,后半夜保持在14~12℃是可行的。遇到连阴3~5天,最低温度8~9℃短时间出现,对其无明显不良影响。如遇连阴天,采取少放风或不放风、适当早盖苫保温等措施后,都能安全越冬。

4. 整枝和吊蔓

一般采用单蔓整枝法,最初主蔓不摘心,下部子蔓及早摘除,留第十二至十五节上的子蔓作结果预备蔓,第十五节以上的子蔓也全部摘除;主蔓第22~25节摘心。每条结果预备蔓上只留1个果型周正的瓜,瓜前留2片叶摘心。当幼瓜长到鸡蛋大小时,每株选留1~2个子房肥大、瓜柄粗壮、颜色较浅、呈椭圆形的果实,多余的果实全部疏掉。

第一茬瓜采收前7~10天,从植株上萌生的新蔓中选留中上部、生长势强的2条侧蔓作为二茬瓜的结果预备蔓,疏去多余的枝蔓和下部黄叶、老叶及病叶。

目前瓜架多采用尼龙绳吊架方式,特点是省工、省钱,有利于光照。为了合理利用日光温室内的光、热资源,增加种植密度,提高产量,生产上均采用吊蔓栽培,即1株甜瓜用1根聚丙烯撕裂膜带(绳)固定主蔓,膜带上端绑在温室骨架上,下端绑在插在甜瓜植株旁的木棍上,将甜瓜主蔓缠绕在膜带上,向上引伸,形成立架。

5. 授粉与用生长调节剂处理

冬春茬厚皮甜瓜头茬瓜开花坐果期,易出现化瓜现象,需采取人工辅助授粉和生长调节剂处理的办法进行预防。生产上常用100倍坐瓜灵溶液在雌花开放前浸蘸子房(瓜胎),坐瓜率可提高到98%以上。

(六)适时采收

冬春茬厚皮甜瓜,注重提早上市,供长途外运的瓜,在八九成熟时采收;在本地或近距离销售的瓜,采收期可稍晚一些,以不影响植株再生和下茬瓜生产为原则。果实成熟时外部形态出现固有的色泽和网纹,用手触摸可以感觉到花蒂处变软。以早晨采收为宜。

(七)生理障碍及主要病虫害防治

1. 生理障碍及其防止

甜瓜生产中,由于环境条件不适、肥水和其他管理不当,会导致果实发育异常而形成畸形果。主要有以下几种。

（1）扁平果

扁平果是指果实横径明显大于纵径的畸形果，在圆球形或近圆形品种上表现突出。防止措施：①适当提高坐果节位；②开花坐果期注意水分供应，控水不可太狠，至膨大后期再注意控水；③提高开花坐果期的温度。

（2）长形果

与扁平果相反，是纵径明显大于横径的果实。

防止措施：①适当降低坐果节位；②加强坐果后的肥水管理，防止植株早衰；③加强叶部病虫害防治，维持叶片功能；④整枝控制不可太严，全株始终保留1~2个生长点，令不断形成新叶，防止叶系过早老化。

（3）裂果

甜瓜生育期发生裂果，可分网纹发生期裂果和采前裂果两类。

防止措施：选用采前裂果少的品种；果实生育后期多雨地区采取遮雨措施和加强排水；控制果实膨大期以后的水分供应。

（4）偏肩果

俗称"歪嘴瓜"，是指近花端果实一侧膨大不够，呈局部下陷或平直状的果实。

防止方法：改善授粉条件，保证授粉均匀、充分。如增加传粉昆虫数量，多次人工授粉等；果实膨大期浇水不可大水漫灌，以防地温偏低；及早垫瓜或翻（转）瓜，改善果实近地面部分发育的温、光条件，以利全果各部分均匀发育。

（5）发酵果

在果实采收前或采后短期内发生，成熟果实内部果肉呈水浸状，肉质变软，有酒味并带异味，不堪食用，不能贮藏。

防止措施：选用肉质软化慢，采收期要求不严，不易发酵的品种；适期采收，采后进行预冷处理，降低果实内部温度；控制果实发育初期茎叶生长势和后期水分供应，采前及时停止灌水。

（6）白肉果

是指绿肉类品种，果皮无光泽，果肉发白，汁少，质粗，糖度低，口感差的表现。

防止方法：加强果实膨大期水分管理，高温、强光期间增加灌水次数，减少每次灌水量，保证土壤水分供应；遇持续高温干旱天气，灌水不便时对果实适度遮阴。

2. 主要病害及其防治

（1）霜霉病

发病初期，叶上出现界限不明的水浸状浅黄色的小斑点，逐渐扩大成浅褐色多角形病斑。潮湿时叶背面生黑灰色霉层。多雨高湿条件下发病迅速。多由植株下部往上发展。

防治方法：

选用适应性强，抗病的品种。

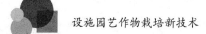

加强水肥管理，增施钾肥，高畦栽培，严格整枝，防田间郁闷。在可能的情况下远离多病的瓜菜区种植。

药剂防治：25%瑞毒霉可湿性粉剂1000~1500倍液，75%百菌清可湿性粉剂600倍液，40%乙膦铝可湿性粉剂500倍液等。每7~10天喷药1次。霜霉病发病迅速，应及早防治，叶片正面、背面喷布均匀。

（2）白粉病

主要危害叶片，叶柄、茎蔓也可发病。起初，叶上产生白色圆形粉状斑点，扩大后布满叶片，致使叶片变黄、干枯。中部叶片发病较多。

防治方法：

栽培措施参考霜霉病。

药剂防治：15%粉锈宁可湿性粉剂或20%粉锈宁乳油2000~3000倍液，50%多菌灵可湿性粉剂500倍液，75%托布津或50%多菌灵1000倍液等喷布。

（3）炭疽病

幼苗、茎、叶、果实都能发病。幼苗子叶边缘呈半圆形浅褐色病斑，上生黑点或橙红色点状黏稠物。叶上初为永浸状斑点，扩大，变黄，后期变为褐色较大病斑，潮湿时有粉红色黏稠物，干燥时病斑开裂或脱落。茎、叶柄上的病斑呈椭圆形、褐色凹陷。果实病斑呈圆形，褐色凹陷，中部开裂有粉红色黏稠物，收获后运销中仍可发展。

防治方法：

无病田采种，无病株留种。播种前种子消毒或用药剂拌种，实行3~5年轮作，选排水良好的地块种植，高畦栽培、畦面铺草，施足磷钾肥。

药剂防治：用80%代森锌800倍液或70%托布津1000倍液或1∶1∶（200~400）倍波尔多液，或75%百菌清可湿性粉剂500~600倍液喷布。

（4）枯萎病

又名蔓割病、萎蔫病。病株生长缓慢。初期植株下部的叶片白天萎蔫，夜间恢复，病情逐渐向上发展，有时仅有1~2条蔓萎蔫。如此反复数日后，致使全株迅速萎蔫，青枯死亡。后期病株基部根颈处出现黄褐色条斑，纵裂，茎维管束呈黄褐色，病斑上产生红褐色树脂状分泌物。

防治方法：

实行3~5年轮作。保护地土壤消毒或连作1~2年后换新床上。选排水良好、地下水位2m以下的地块栽培。深翻、高畦覆地膜。选用抗病品种，无病采种，种子消毒。粪肥充分腐熟，增施钾肥。浇水时勿淹没高畦，切忌中午高温下浇水和田间积水。发现病株立即拔除掩埋，重病地块暂停浇水。

选抗病砧木嫁接栽培。

药剂防治：可用50%多菌灵、70%托布津或50%苯莱特，每亩用药1.25kg，配成1∶50的药土施于定植沟中或在结瓜前配成500倍的药液灌根。

3. 主要虫害及其防治

（1）蚜虫

又名腻虫。是甜瓜病毒病的主要传播媒介，吸食叶片汁液，造成卷缩，瓜苗萎蔫甚至枯死。发生适温24℃左右，高温干旱有利于发生，春末夏初为发生高峰期。

防治方法：用灭杀毙6000倍液，或20%灭扫利乳油2000倍液，或2.5%功夫乳油4000倍液喷布。

（2）潜叶蝇

为害甜瓜的潜叶蝇为豌豆植潜蝇或美洲斑潜蝇，属双翅目、潜蝇科。分布广，寄主有瓜类、豌豆、蚕豆、十字花科植物等21科130余种植物。幼虫潜食叶肉留下一条条虫道，被害处仅留上下表皮。虫道内有黑色虫粪。严重时被害叶萎蔫枯死，影响瓜的产量。

防治要点：

瓜果采收后，清除染虫瓜蔓瓜叶沤肥或烧毁，深耕冬灌，减少越冬虫口基数。

农家肥要充分发酵腐熟，以免招引成蝇产卵。

产卵盛期和孵化初期是药剂防治适期，及时喷药，常用40%乐果乳油或80%敌敌畏乳油或90%敌百虫，或25%亚胺硫磷乳油1000倍液，或拟菊酯类农药2000~3000倍液等。

# 第三节　白菜类蔬菜设施栽培技术

白菜类蔬菜在分类上属于十字花科芸薹属植物，主要包括大白菜、结球甘蓝、花椰菜、叶用芥菜、茎用芥菜等。白菜类蔬菜起源于温带，喜欢冷凉的气候，耐热性差，根系入土浅，利用深层土壤水肥的能力不强，且叶面积大，蒸腾量大，要求较高的的土壤湿度（70%~80%），需肥量大，特别需要较多的氮肥。有共同的病虫害。

白菜类蔬菜适应性广，栽培面积大，产量高，易于栽培，耐贮运，供应期长，约占蔬菜总消费量的五分之一，冬春消费量70%~80%。白菜类蔬菜种类品种繁多，风味佳美，富含各种维生素，矿物质及一定数量的蛋白质、脂肪、糖及纤维素等营养物质，是我国各地十分重要的蔬菜之一。

## 一、日光温室早春茬青花菜栽培技术

青花菜性喜冷凉，既不耐炎热，又怕霜冻，生长温度为5~30℃，适温20℃，花球膨大期适温为15~18℃，种子发芽适温为15~30℃。若生长期温度超过25℃，植株易徒长，花球发育不良。栽培土质以湿润土壤或砂质土壤最佳。同时青菜花生长需要充足的光照条件。

青花菜又名西兰花、木兰花椰菜、花菜薹、绿花菜、意大利芥蓝菜等,十字花科芸薹属甘蓝种,以绿色为主,紫色花球为产品的一个变种,是野生甘蓝进化为花椰菜过程中的中间产物。青花菜是一种营养价值非常高的蔬菜,几乎包含人体所需的各种营养元素,含有蛋白质、糖、脂肪、矿物质、维生素和胡萝卜素等,被誉为"蔬菜皇冠"。已为广大消费者所认识,消费势头日益上升,栽培面积越来越大。

（一）品种选择

我国目前栽培的青花菜品种多数由美国、日本等国家引进。早春日光温室栽培应选用耐寒性中早熟品种,即从育苗到收获为85~100天。目前生产中常用的品种有:绿岭、黑绿、玉冠、珠绿等。

（二）培育壮苗

1. 育苗

日光温室早春茬青花菜多在11月上中旬播种,为节省土地和方便管理,需育苗移栽。苗床选择排灌方便、地势高燥、土质疏松的地块。床土施入充分腐熟的有机肥,拌匀整细整平后作成高畦。然后均匀撒播干种子,每平方米用种量3~4g,播种深度为0.8~1.0cm。播后浅覆细土0.5~1.0cm,上盖地膜。

2. 苗期管理

在幼苗管理上"控小不控大",即小苗可以进行低温控制或锻炼,大苗不能经受长期低温。播种后日温保持在20~25℃,夜温在15℃左右。幼苗60%~70%出土时,日温降至18~20℃,夜温10~12℃,一般不浇水。播种后30天左右,幼苗2叶1心时即可分苗,分苗密度10cm见方,同时去除细弱苗。分苗后应适当提高温度、湿度促进缓苗。缓苗后温度控制在20~25℃,夜间15~20℃,尤其在幼苗3片真叶以后,夜温不应低于10℃。水分管理上不旱不浇水。苗期用70%甲基托布津800倍液防治霜霉病和软腐病;用20%杀敌保2500倍液,50%扑雷灵3000倍液防治菜青虫、小菜蛾和蚜虫。青花菜壮苗要求苗龄70~80天,叶色浓绿、叶片肥厚,茎节粗短,具真叶8~9片而不"显球",根系发达,无病虫害。

（三）整地定植

1月中上旬定植。青花菜生长速度快,耐肥水,定植前应施足基肥。耕地时每亩铺施腐熟农家肥2500kg,氮、磷、钾复合肥25kg,硼砂和钼酸铵各50g。施肥后深翻,做成宽度为80cm的小高畦,畦高15cm,沟宽30cm,覆盖地膜。10cm地温稳定在6℃以上时开穴定植,穴内浇水,水量不宜过大,按行距50cm、株距40cm定植,定植时应带土坨,浇小水稳苗,这样可以减少缓苗时间。

（四）定植后管理

1. 温度管理

定植到缓苗期间要保温、保湿,白天温度以25℃为宜,不宜超过30℃,夜间温度保持在

15~20℃；缓苗后到长出小花球期间为青花菜的叶簇生长期，白天温度保持在20~25℃，夜间温度在15℃左右；花球形成期要求凉爽的气候条件，白天温度在20~22℃，夜间在10~15℃。

2. 光照管理

管理原则是在保证适宜温度的条件下，尽可能地延长光照时间。要经常清除薄膜上的灰尘，保持清洁，提高透光率，保证绿菜花的正常生长。

3. 肥水管理

肥水管理的重点是前期苗，应促进植株迅速长大，在现蕾期形成足够大的叶（16~18片）。追肥以氮肥为主，适配磷钾肥。5~6天缓苗后浇缓苗水，水量不宜过大。缓苗后10~15天追第1次肥，每亩挖穴深施磷酸二铵15kg，尿素10kg，然后控水蹲苗，期间连续中耕2次；顶花蕾出现时结合浇水追第2次肥，每亩施腐熟豆饼50kg，尿素10kg，3~5天后再浇1次水；花球膨大期每5~7天浇1次水，每15~20天叶面喷施0.05%~0.1%的硼砂溶液和0.05%的硼酸铵溶液，减少黄蕾、焦蕾的发生。结球后期控制浇水次数和水量。在生长后期，主花球收获后，若需收侧花球，可适当再追施1次。

4. 植株调整

壮苗应及时摘除侧枝，弱苗等侧枝长到5cm左右时再摘除，以增加光合面积，促进植株生长发育。对顶花球专用种，在花球采收前，应摘除侧芽；顶侧花球兼用品种，侧枝抽生较多，一般选留健壮侧枝3~4个，抹掉细弱侧枝，可减少养分消耗。

（五）收获

收获标准是花球直径12~15cm，花蕾粒整齐一致，不散球，不开花，花蕾紧凑。若在采收前1~2天灌1次水，可提高产品质量和产量，并且还有助于延长贮藏时间。采收方法，以花球为主要采收对象，在花与茎交接处以下2cm左右割下，收获后不宜存放，应及时上市。以花球、花茎为共同采收对象，可在花茎交接处以下5cm处割下；采收顶花球为主的品种应尽量让主花球充分长大；对侧花球发达品种，顶花球适当早采，以促进侧花球生长。

（六）病虫害防治

1. 病害

（1）苗期主要病害为霜霉病，要以预防为主。发现病株后，用72.2%普力克水剂600~800倍液，或75%百菌清可湿性粉剂1500倍液喷雾，药剂交替、轮换使用，每隔7~10天喷1次，连喷2~3次。

（2）栽培中常见病害为黑腐病，发病初期用14%络氨铜水剂4000倍液喷雾，7~10天喷1次，连喷2~3次。栽培上应避免与十字花科蔬菜，尤其是甘蓝蔬菜重茬；及时清除黄老叶、病株病叶；加强田间肥水管理，抗旱排水，增强抗病能力。

2. 虫害

虫害主要有蚜虫、菜青虫和小菜蛾。蚜虫防治可采用黄板诱杀，也可喷施40%的乐果乳剂

1000倍液，5%氯氰菊酯2000倍液或虫螨克1500倍液。以上药剂可交替使用，以防止害虫产生抗药性。

（1）菜青虫的防治方法：在卵孵化盛期用Bt乳剂200倍液，或5%抑太保乳油2500倍液喷雾。在幼虫2龄前用2.5%功夫乳油5000倍液，或50%辛硫磷乳油1000倍液喷雾。

（2）小菜蛾的防治方法：在卵孵化盛期用5%锐劲特悬浮剂，亩用17~34ml对水50~75kg，或5%抑太保乳油2000倍液喷雾，或在幼虫2龄前用1.8%阿维菌素乳油3000倍液，或Bt乳剂200倍液喷雾。

3. 采收前15天内严禁喷洒农药，以保证食品安全。


**二、日光温室甘蓝栽培技术**

目前，日光温室栽培甘蓝还没有明确的茬口安排，一般在2月上旬播种育苗，4月中旬定植，6月中旬上市。

（一）品种选择

根据上市时间的要求，选择适当的品种种植，如双强、双月、8398甘蓝等品种。

（二）播种育苗及苗期管理

1. 苗床准备

挖好苗床，每平方米施入充分腐熟的农家肥10~15kg，充分与床土拌匀。表面覆盖2~3cm厚的过筛园田土，然后在其上撒施磷酸二氢钾50g/m²，浇透底水，达播种状态。

2. 播种

甘蓝育苗一般采用干籽直播，一般不用催芽，公顷播种量375~450g。

3. 苗期管理

播后白天保持温度在20~22℃，夜间在10~12℃，一般不移植，间1~2次苗。出苗初期适当浇水，出齐苗后白天保持温度在15~20℃，夜间在8~10℃。如果采用分苗，营养面积为0.01m²，分苗后白天保持温度在18~20℃，夜间在10~12℃，缓苗后适当降低温度1~2℃。

（三）定植及田间管理

1. 适期定植

苗龄60~65天、幼苗8~10片叶时即可定植。栽前每公顷施优质农家肥75t、磷酸二铵450kg、硫酸钾112kg。地面深翻30cm，耙细搂平后做畦，大畦宽1.0~1.2m，小畦宽0.5m。大小畦间隔布置，大畦栽4行，小畦为作业路，株距30~35cm。

2. 田间管理

定植后初期为缓苗期，白天保持温度在20~25℃，夜间在15~18℃，促进缓苗。缓苗后适当降低温度，白天保持在16~20℃，夜间在10~12℃。加强中耕保墒，促进根系发育，莲座期前划锄4~5次。此时期应尽量不浇水，如严重缺水，可适当补水，浇水后要及时中耕。缓苗后要浇缓苗水,结合灌水每公顷施入硝酸铵150~225kg,结球期再追肥一次,每公顷施入硝酸铵225kg。危害甘蓝的主要害虫有菜青虫、甜菜夜蛾等,可在幼虫钻入叶球前,用2.5%功夫乳油4000倍液喷雾防治。

（四）采收

甘蓝叶球尚未完全长结实,即七八成熟时可采收。可隔株进行采收,既可缓冲上市时间,又能使其余甘蓝充分生长,增加产量。

# 第四节　绿叶菜类设施栽培技术

绿叶蔬菜以嫩叶、嫩茎或嫩梢供食用的蔬菜。绿叶蔬菜种类繁多,包括莴苣、芹菜、菠菜、蕹菜、苋菜、茼蒿、芫荽、冬寒菜、茴香、落葵、荠菜、豆瓣菜、菜苜蓿等。我国主要分布在岭南地区,目前种植范围较广,从南到北均有栽培。

绿叶蔬菜富含有各种维生素及矿物质。芹菜含有维生素$B_1$、$B_2$、A、C,富含矿物质、蛋白质、脂肪、碳水化合物等。其中钙、磷、铁的含量较多,并含有挥发性芳香油。有促进食欲的作用。芹菜具有固肾止血、健脾养胃之功效,常吃芹菜对高血压、血管硬化、糖尿病、尿血等有一定辅助治疗作用。芹菜的茎和叶是主要的食用器官。菠菜全株翠绿,柔嫩可口,营养丰富,富含维生素B、C、D和钙、磷、铁等矿物质。蛋白质含量亦较高,南北各地及春、秋、冬三季均有栽培,是人民大众喜爱的一种营养价值较高的蔬菜。菠菜全株均可食用。可熟食、凉拌和煮羹,以及加工。莴苣可分茎用莴苣（莴笋）和叶用莴苣（生菜）两大类。茎用莴苣食用嫩茎,嫩叶也可食用,既能生食,又能熟食,还能加工制泡菜、酱菜等。叶用莴苣以嫩叶、叶球供鲜食,也可熟食。富含维生素和矿物质。能抑制人体健康细胞癌变和抗病毒感染,有很高的营养和食疗价值。其中所含维生素E能促进人体细胞分裂,延缓人体细胞的衰老,是人类抗衰老保健食品之一。

## 一、日光温室芹菜栽培技术

温室延后栽培,多以露地育苗,温室定植为主。主要做好培育壮苗、合理定植、加强肥水管理和后期的防寒保温,解决好环境条件与芹菜生育之间的矛盾。

（一）育苗

温室延后栽培育苗,其播种时间,无论后期温室加温与否,均于6月中旬至7月上旬为宜。过早,苗期在高温多雨条件下易感病害,过晚,则高温抑制出苗,使出苗缓慢,出土后幼苗常表现徒长细弱,抗逆性差。定植时生理苗龄太小,根系弱,定植后缓苗慢。

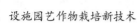

芹菜温室延后育苗技术可参照露地秋芹菜栽培育苗。其中主要技术要点除种子处理外，还应注意以下两点。

1. 精细整地和播种

育苗床的土质应选择富含有机质的沙质壤土，苗床地要深翻耙细，做成1~1.2m宽，长5~6m的平畦，施入优质有机肥料5000~6000kg/亩，并每亩加施无机肥料氮肥20kg，磷肥30kg，钾肥20kg，然后细耙1~2遍，使土肥混合均匀，避免烧苗，整平后踩实一遍，再耙平。然后灌透水，水渗下后马上播种，每公顷用种量为1~1.5kg，播种时种子要掺适量沙子，利于播种均匀，夏季高温期播种，播后要立刻覆细土0.5cm，注意厚薄一致，以保证出苗整齐，如覆土过厚会影响氧气供给和消耗大量养分，使出土幼苗细弱，在烈日高温下极易失水枯死。

2. 加强出苗前后管理

出苗前，为了保湿、降温和防雨，华北地区则设置荫棚遮阴防雨。其次是出苗前要经常保持土壤湿润，播后第二天即开始浇第一次水，以后视表土发干板结即应浇水，每次浇水需用喷壶，不能大水漫灌。此外，出苗前还应根据苗畦杂草情况喷施一次除草剂，每亩用除草醚350~500g，加水喷雾。

出苗后，芹菜根系弱不耐干旱，应注意保湿；雨季要及时排除畦面上积水，还要在热雨之后浇灌井水降低地温，防止热雨高温下沤根致死。另外要及时间苗2~3次，防止幼苗徒长，并注意防除病虫害。整个苗期50~60天。中间可追施一次氮肥，每亩20kg，随灌水施入。

（二）合理定植

温室定植期为8月上旬至8月下旬，定植前要耕翻土地施足基肥，为了后期提高地温、改善土壤理化性质，每平方米施用有机肥5~8kg，马粪5kg，栽植密度有单、双株和簇栽。簇栽时，1m宽畦栽4~5行，簇距8~10cm。单株或双株定植时，行株距为10cm×10cm。定植时要认真选苗，达到选优去劣。

保证定植质量的技术要领是：

1. 整地施肥时要保证畦面平整，避免灌水时淤土压苗。

2. 土、粪混拌均匀，防止多肥烧根。

3. 栽植深度以埋没根部为度，不能埋没心叶，影响缓苗。

4. 定植后一定要浇透水，防止苗子吊干。

（三）定植后管理

1. 定植初期

为降温保湿，应在温室玻璃面或塑料上适当遮阴，保证室内光照在1500~3000lx即可，白天室温保持在23~25℃，缓苗后，逐渐增加光照。

2. 肥水管理

要根据芹菜生育进程和产量构成因素，合理追肥灌水。定植后缓苗期，以保持土壤湿润，防暑降温，促进发根和缓苗，东北地区9月以后，天气渐凉，要撤除遮阴物，暂时控制水分，促进发根，进行蹲苗，9月中旬新叶已开始加快生长，可重施一次肥水。芹菜的产量构成是6~8片以后的叶片，构成商品产量的主要因素是叶柄的长度和叶片重量，氮、磷、钾三要素对叶片生长的影响，所以9月中旬温室扣膜前，每公顷施人粪尿2000kg，另加速效氮肥15~20kg，氯化钾15kg，结合追肥灌一次大水。以后一般到收获前（12月）可不追肥，或根据长势追施速效氮肥，每亩施硝酸铵20kg。入冬以后，要适当少浇水，且要浇蓄存的水，"三九"天不能灌水。并注意防止芹菜倒伏。

3. 防寒保温与通风管理

东北地区，一般塑料日光温室9月下旬至10月上旬扣上薄膜，原则是苗小早扣，苗大晚扣，扣膜过早，苗易徒长和感病。扣膜过晚，芹菜缓苗慢、新根少。初期不能一次盖严，随温度下降，由晚上小通风到白天通风，晚上盖严。薄膜温室也是如此。一般保持室温在18~22℃，夜温15℃，地温18~20℃，初期每天8~9点就开始通风。晚上室内气温降到7~8℃封闭地窗，10月下旬盖严玻璃和薄膜，以后转入以保温为主，白天晴天在不影响室温条件下11~13点进行通风，通风方式有利用天窗和地窗通风，有用后墙窗通风，有用塑料筒式通风，目的是减少外界寒风直接影响幼苗，到"三九"天严寒季节，停止通风，加强保温，11月加盖草帘，室温低于5℃时即应加温（11月中、下旬）。

（四）病虫害防治

日光温室栽培芹菜，后期因室内气温低，湿度大，极易发生斑枯病，为减轻危害，除加强通风外，要及时进行药剂防治和控制灌水量。蚜虫对芹菜整个生育期都能危害，可用氧化乐果和敌敌畏交替防治。

（五）收获

日光温室一般以株高作为收获标准，而且采用劈收形式，当株高达60cm以上，即可采收，第一次不要收得太狠，以免影响内叶生长，一般第一次收3片叶，元旦可收2~3叶，春节还可收2~3叶。一次收获时，可在温室内挖沟，进行短期贮藏，不加温温室终收时间为室内最低温度达2℃左右。温室栽培从播种到收获140~150天。

## 二、日光温室叶用莴苣栽培技术

（一）品种选择

常用结球或半结球生菜品种有爽脆（Crispy）、大湖118（Great lake 118）、玛莎659（Masa 659）、黑核、波士顿奶油生菜等，散叶生菜有软尾生菜、广东玻璃生菜等。

（二）种子处理

7~8月播种时温度尚高，种子发芽困难，可浸种3~4小时，用湿布包裹后，放在水井或阴凉处，有条件的可放冰箱冷藏室催芽。10月以后气温下降，可以干籽播种，播种前可用75%百菌清可湿性粉剂拌种，拌种后立即播种。

（三）播种育苗

日光温室叶用莴苣一般安排秋冬茬、越冬茬和冬春茬栽培。秋冬茬栽培在8月下旬至9月上旬播种，苗期25~35天，9月下旬至10月上旬定植到温室内，元旦可大批供应市场。越冬茬和冬春茬的播种期，9月下旬至12月随时都可以。参照茎用莴苣进行育苗。

出苗前，白天温度应控制在20~25℃，夜间在10~15℃。当幼苗长至2~3片真叶时进行分苗或分次间苗，株距6~8cm，5~6叶时即可定植。一般在间苗后或分苗缓苗后，施一次稀液肥促幼苗生长，生菜幼苗对磷肥较敏感，缺磷时叶色暗绿，生长衰弱，所以要注意磷肥供应，苗期还可喷1~2次75%百菌清600倍液或甲基托布津1500倍液，防止霜霉病和灰霉病的发生。

（四）整地施肥与定植

定植前7~10天整地施肥，每亩施腐熟有机肥1500kg，过磷酸钙40~50kg，氯化钾8~10kg，硫酸镁20~25kg，在北方日光温室栽培一般采用平畦。早熟品种株行距为25~30cm见方，中熟品种35cm见方，起苗时不要损伤根系和叶片，尽量多带宿土，定值不宜太深，否则缓苗慢，栽后应及时浇水。

（五）温度管理

秋冬寒冷季节定植莴苣营养生长后要设法提高温度，缓苗期不放风，还可再加扣小拱棚增温，缓苗后再逐步加强放风，白天温度控制在18~25℃，夜间最低不低于10℃。

（六）肥水管理

定植浇水后，根据墒情再浇1~2次缓苗水，之后中耕松土。6~7叶期追施第一次肥料，亩用尿素5~8kg；10叶期第二次追肥，亩用尿素8kg，氯化钾3~4kg；开始包心时追第三次肥，亩用尿素8kg，氯化钾4~6kg。每次追肥均结合浇水施入。叶用莴苣既怕干旱又怕潮湿，所以水分管理很重要，适宜的土壤含水量为60%~65%，同时应注意空气湿度不要太高，冬季温室应注意通风，使叶面保持干燥，以利防病。

（七）病虫害防治

除叶用莴苣营养养生长过程主要病虫害有霜霉病、灰霉病和蚜虫等，应注意及时防除。

（八）采收

结球生菜的成熟期不尽一致，应分期采收。采收标准是叶球紧实度适中。未成熟的叶球较松，过熟的叶球易出现爆裂或腐烂。采收的方法是用刀将自生菜茎基部割下。

如果立即上市，则应将外叶全部剥除。如果长途运输，应留3~4片外叶。如果准备贮藏，还应多留一些外叶。

# 第五章　设施果树栽培新技术

果树设施栽培的兴起,特别是促早栽培的葡萄、草莓、樱桃等无公害果品备受消费者青睐。随着中国经济的迅速发展和人民生活水平的不断提高,对常年时鲜无公害果品的需求大大增加。中国农业产业化结构的调整,为果树设施栽培提供了良好的发展机遇。中国果树保护地栽培推广的区域和栽培面积仍很小,有较大的发展潜力。

## 第一节　葡萄设施栽培技术

### 一、品种选择

我区选用的温室大棚早熟品种为早中早、奥古斯特等,这些品种生长期短,一般从萌芽到果实成熟只需120天左右。通过在日光温室内加温等一系列管理,使早熟葡萄于6月16日采收上市,比露地栽培的同一品种提早近2个月,即使在保温性能差的塑料大棚里栽培,也比露地提早采收1个月左右。

### 二、栽培形式

为有利于管理,方便前期间作,须通风透光,以避免因后屋面阴而影响生长和结果,选用土木结构温室大棚栽培为宜,南北向栽植,株行距为0.5m×1.5m,每亩株数为889株。

### 三、整枝修剪

我区采用扇形整枝方法。定植苗萌发后,选留2个健壮新梢培养成主蔓,待新梢长到1.2~1.5m时摘心,摘心后的副梢留2片叶反复摘心。冬季修剪时剪去全部副梢,只留2个长1.2~1.5m、粗0.8~1cm的主蔓结果。

第2年芽眼萌发后,主蔓基部50cm以下的萌发芽眼全部抹去,50cm以上的主蔓两侧分别每隔 20~25cm留1个结果枝结果, 每个主蔓分别留4~5个结果枝。冬剪时, 除主蔓顶端各留1个5~7节的延长枝, 扩大树冠, 其余的均留基部2~3个芽短剪成结果母枝, 待树形基本形成后, 按第2年的整枝方法继续培养。

### 四、温、湿度管理

1. 揭、盖膜时间

一般在初霜冻到来之前盖膜, 以保护葡萄叶片, 延长叶片光合作用的时间, 使果实和枝蔓成熟更好。由于各地的气候条件不同, 揭、盖膜的时间有差异。

揭膜一般在晚霜已过, 露地的气温稳定在20℃以上时进行, 时间为7月上中旬。

温室大棚盖膜后, 当棚内气温下降到5℃以下时, 要在夜间盖草帘保温, 白天再将草帘揭开, 使棚内气温继续维持在较高的水平, 以保证葡萄果实和枝蔓芽眼的充分成熟。盖帘开始后, 要求在日出后1小时揭帘, 日落前1小时盖帘, 以提高保护设施内的保温效果。

温室大棚内葡萄落叶并完成冬剪后直至第2年升温前这段时间不要揭帘, 使葡萄植株在低温黑暗条件下休眠。

2. 升温催芽

葡萄的自然休眠期一般为两个多月。薄膜日光温室在此时即可揭帘升温催芽, 即上午11时揭开草帘, 下午4~5时盖上草帘, 以促进棚内温度逐步提高。升温催芽一般经过30~40天, 芽眼才能萌发。

3. 加温催芽

为缩短催芽时间, 在元旦后即提前加温催芽, 以提前鲜果上市时间。我区一般于1月15日开始生火加温, 加温的第1周要求白天温度保持在15~20℃, 夜间5~10℃; 第2周白天温度保持在15~20℃, 夜间10~15℃; 第3周白天温度保持在20~25℃, 夜间10~15℃; 第4周白天温度保持在25~28℃, 夜间13~15℃; 第5周白天温度保持在25~28℃, 夜间13~15℃; 第6周白天温度保持在25~28℃, 夜间13~15℃, 于2月25日芽眼已全部萌发。到3月26日 (当外界晴天温度达到15℃, 棚内温度达到28℃时) 停止加温催芽。一般加温时间为两个半月。

4. 萌芽期到开花期的温、湿度调控

在气温正常、无大寒流侵袭的情况下, 萌芽至开花期的生长日数为40~45天, 控制好这段时期的温度, 对提早采收果品极为重要。

从萌芽到开花前, 葡萄新梢生长速度较快, 花序器官继续分化。在正常的室温条件下, 从萌芽到开花需要40天左右, 萌芽期白天室温控制在20~28℃, 夜间保持15~18℃; 开花期白天室温保持在20~25℃, 最高不超过28℃, 夜间保持在16~18℃。此期白天温度达到27℃时, 应通风降温, 使温度维持在25℃左右。萌芽到开花期温度高, 从萌芽到开花的时间缩短, 但易发生徒长, 枝条细弱, 花序分化差, 花序小, 影响产量, 开花期温度过高, 坐果率降低, 落花落果严重,叶片易出现黄化脱落等现象。此期温度管理的重点是保证夜间的温度在16~18℃,控制白天的温度在20~25℃,不超过27℃,晴天时白天注意通风降温。阴天时在保证温度的情况下,尽量进行放风降温,防止植株徒长。萌芽室内湿度控制在85%左右。开花期室内空气湿度应控制在65%左右较好。

5. 果粒膨大期的温度调控

为促进幼果迅速膨大,棚内白天气温控制在28~30℃,夜间维持在18~22℃。此时,露天气温已高,注意通风,使棚内白天的温度不超过30℃。待晚霜过后,露地气温稳定在20℃以上时,便可将棚缘的薄膜去掉,使棚内的气候条件与露地相近。

浆果成熟期(6月20日左右),为增加树体的营养积累,提高糖分,可加大昼夜温差,白天仍控制在28~30℃,最高不超过32℃,夜间温度逐渐下降到15~16℃或更低些。

### 五、土肥水管理

1. 土壤

为充分利用设施内的土地和空间,提高经济效益,保护地栽培多采用密植与葡萄行间间作的形式,土地利用率高。要求选用有机质含量高、土层深厚、疏松肥沃、通气性好、保水力强、排水好的沙壤土和壤土为好。勤中耕除草,减少病、虫、草的危害。

2. 肥料

(1)有机肥。为生产绿色葡萄,保护地所用的肥料应以腐熟的有机肥作基肥,要求每亩施有机肥6m³以上,三料30kg、硫酸钾30kg与有机肥一同混合,于9月上中旬结合秋耕施入。

(2)追肥。催芽肥:为促进发芽整齐,于2月上旬结合灌头水每亩施尿素15kg。追施花前肥:在花前(4月16日)结合灌水进行追肥,每亩追施二铵30kg、硫酸钾30kg。果实膨大肥:到5月上旬施第1次果实膨大肥,每亩追施腐殖酸钾肥30kg、二铵20kg。5月中旬施第2次果实膨大肥,每亩追施腐殖酸钾肥20kg。喷施叶面肥:从果实膨大期开始,每隔7~10天喷施0.3%磷酸二氢钾或硝酸钙肥3~5次以上,以促进浆果着色和枝蔓成熟,提高果实含糖量和果实硬度,增强抗性。

3. 灌溉

保护地葡萄主要通过灌水增湿,以铺膜和通风换气来降温。设施内的湿度影响葡萄的生长发育,特别是对催芽、坐果、果实品质方面影响很大。所以,在灌水过程中,尽量满足不同生育期对水分的需求,降低棚内空气湿度,以减少病害的发生。

灌水应根据土壤、气候和葡萄生长等情况而定。开始升温灌1次透水,以后分别于花前、花后、果实膨大期和着色期各灌1次水。整个生育期灌水6次。

**六、葡萄新梢的管理**

**1. 抹芽**

抹芽需分几次进行，抹芽原则是：保留早萌发的芽，抹去晚萌发的芽；留饱满芽，去瘦弱芽；留有果穗的芽，去无果穗的芽；留下部芽，去上部的芽；留主芽，去副芽。抹芽要及时进行，以减少营养的消耗，基部30～40cm以下抹去，1株不到3个蔓的或需更新蔓的，在更新基部留1～2个芽。

**2. 定枝**

见穗定枝，保证架面通风透光条件，节省营养，25cm左右1个枝条，1株不超过7穗果为宜，一般1个枝条1串果。

**3. 摘心**

摘心的目的是停止新梢延长生长，促进花序生长、开花、坐果，有利于提高坐果率。够叶数即可摘心，大棚葡萄应早摘心，主梢摘心一般在果穗以上留4～5片叶摘心。去副梢，只留顶端1个夏芽副梢，留3～4片叶反复摘心，保持架面通风透光。

**七、花果管理**

花前用0.2%硼肥溶液喷布叶片和花序，花后10～15天根据坐果情况进行疏穗疏粒，生长势强壮的结果枝留两穗，生长势中庸的结果枝留1穗，生长弱的结果枝不留穗。每株保留7穗果，每穗果留60～80粒。

**八、病虫害防治、**

葡萄下架时，彻底清扫落叶、残枝，集中烧掉。生长期间及时除副梢、卷须，改善通风透光条件。出土后萌芽前喷布波美3～5度石硫合剂，消灭枝蔓上的残留病菌，开花前喷布50%多菌灵600倍液防治灰霉病，发生霜霉病、白粉病分别用科博、必备、喷克等药剂进行防治。

# 第二节　樱桃设施栽培新技术

樱桃根据树冠类型，分为乔木型和灌木型两大类。甜樱桃和杂交樱桃品种属乔木型，树体高大，长势健旺，干性强，层性明显，树高和冠径一般为5～6m，树冠中骨干枝的级次一般为4～7级，分作3～5层。酸樱桃品种属灌木型，长势中庸，干性弱，层性不明显，树高一般2m左右，冠径3～4m，骨干枝的级次一般为4～5级，分作2～3层。芽具有早熟性，有的当年即能萌发，使枝条在1年中有多次生长，特别是在幼树上，容易抽生副梢，应人工摘心，促使幼树迅速扩大树冠, 为尽早结果提供有利条件。长、中、短结果枝结果良好, 其中, 花束状果枝坐果率最高。利用设施进行樱桃的栽培, 可以显著提早果实成熟期, 防止裂果, 调节鲜果供应期, 提高樱桃的经济价值。

## 一、品种选择

适宜设施栽培的樱桃优良品种有: 大紫、红灯、意大利早红、佐藤锦、香夏锦、 芝罘红、那翁、拉宾斯等。在选择主栽品种的同时, 要配置好与主栽品种花期一致或接近、授粉亲和力强、丰产、优质的授粉品种。授粉比例为1∶4。宜隔2～4行主栽品种, 成行栽植1行授粉品种见表5-1。

表5-1 大棚樱桃的适宜授粉品种组合一览表

| 主栽品种 | 授粉品种 |
| --- | --- |
| 大紫 | 那翁、红丰 |
| 那翁 | 大紫、雷尼 |
| 芝罘红 | 大紫、那翁、红灯、红丰 |
| 红灯 | 芝罘红大紫、红蜜 |
| 意大利早红 | 红灯、芝罘红、鸡心 |
| 雷尼 | 那翁 |

设施栽培樱桃, 为了获得更高的经济效益, 一般要进行合理密植, 在中等肥力的土壤上, 株行距宜4m×4m, 或4m×5m, 每亩34～42株, 为了增强大棚的采光性能, 宜采用南北行向。

## 二、栽植方式

栽植樱桃一般分作冬栽和春栽两个时期。在冬季多风、干旱的地方, 冬栽苗木易失水抽干, 降低成活率, 因此, 可春季栽植。春栽宜在土壤化冻后至苗木发芽前进行, 一般以3月上、中旬最为适宜。

栽植穴的大小, 以宽1m见方, 深60～100cm为宜, 每穴施土粪25～50kg, 与表土混匀后填入穴内。壮苗栽植深度, 要与苗圃中的原深度相同。栽植后, 在栽植穴周围筑土埂, 随即充分灌水, 水渗下后, 用土封穴, 并在苗干周围培起土堆, 以利保蓄土壤水分, 避免苗木被风吹歪, 发芽后天气干旱时, 要及时灌水, 以利成活。

## 三、整形修剪技术

（一）适宜树形

大棚栽培樱桃, 整形修剪要以降低树高和利于透光为主要目标, 目前主要采用自然开心形和改良主干形两种树形整枝。

1. 自然开心形

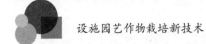

这种树形不具有中央领导干,干高一般为20~40cm,全树2~5个主枝,多数3~4个,开张角度30°左右。每主枝上有侧枝6~7个,分作4~5层。

2. 改良主干形

这种树形具有中央领导干,树冠整体与苹果树的自由纺锤形相似。干高50~60cm,中央领导干上配备10余个单轴延伸型主枝,开张角度近乎于水平,其上着生大量结果枝组,树高达2.5 m左右时,"落头"开心。

（二）修剪

设施樱桃的修剪,主要在休眠期和生长期两个时期进行。

1. 休眠期修剪

可在扣棚前修剪,剪后立即扣棚;也可在扣棚后再行修剪。休眠期是樱桃最主要的修剪时期,主要任务是培养丰产树体结构和结果枝组。修剪的部位主要是1年生枝条和低龄多年生枝,应用短截、缓放和缩剪等修剪方法。大枝的处理要徐缓进行,分2~3年完成,避免过急重修剪,以稳定树势,良好结果。大枝的整理和调节要以侧枝为主,并结合夏季修剪,以免树势过旺。

2. 生长期修剪

主要在新梢生长期和采果后这两段时间里进行。新梢生长期间,要采取摘心的方法,抑制新梢旺长,促进分枝,增加枝量,促进花芽分化。新梢长势过旺,可连续摘心几次。

3. 采果后修剪

一般在揭棚后进行,多采用疏枝的方法。疏除过密、过强、紊乱树冠的多年生大枝,调整树体结构,改善冠内通风透光条件,均衡树体长势,促进花芽分化。采果后疏除多年生大枝,伤口容易愈合,不至于削弱树势。

**四、樱桃的设施栽培管理技术**

（一）扣棚时间

樱桃的低温需求量一般为7.2℃以下1440小时。一般休眠早的地方,扣棚早,采收早,有利经营销售。以早销售为主要目的时,可在12月份开始扣棚。

（二）温湿度的调控

1. 温度调控

大棚栽培樱桃对温度调控可遵循表5-2的指标进行。

人工调节温度:主要包括棚内增温、降温、防冻等3项措施。

大棚增温:主要是棚内配备电暖气设备,利用酿热物提高土温,促使气温升高。常用酿热物主要是鲜马粪和鲜厩肥等,施入土壤中酿热。

大棚降温:在天气晴朗,光照充足的中午大棚内的温度高于樱桃生长的最适温度,必须通风降温，主要采取自然通风和人工通风两种方法。

大棚防冻：可采取棚外盖草帘，寒流期间棚内加热水、霜冻前棚外熏烟等方法。

表5-2 设施樱桃栽培温度管理一览表

| 时期 | 温度 | |
| --- | --- | --- |
| | 白天（℃） | 夜间（℃） |
| 覆盖后到萌芽前 | 18~20 | 2~5 |
| 萌芽到开花期 | 18~20 | 6~7 |
| 花期 | 20~22，最高不超过25 | 5~7 |
| 谢花期 | 20~22 | 7~8 |
| 果实膨大期 | 22~25 | 10~12 |
| 果实着色至采收期 | 22~25 | 12~15 |

2. 湿度调控

设施栽培樱桃对土壤水分和空气湿度的管理可遵循表5-3的指标进行。

大棚内的湿度条件，主要包括空气湿度和土壤湿度两个方面。土壤湿度多通过换气和控制灌水等两项措施调节；也可采用升高气温调节空气湿度。棚内相对湿度为100%时，温度每升高1℃，相对湿度降低5%；在5~10℃的温度范围内，温度每升高1℃，相对湿度降低3%~4%。

大棚内相对湿度太大时，可采取通风的方法降低空气湿度。应注意的是，通风换气降湿，应不影响棚内温度。大棚内灌溉宜采取分次轮流穴灌的方法进行，以免因灌溉引起棚内空气湿度增加过大，或因灌溉大幅度降低土温。

表5-3 设施樱桃栽培湿度管理一览表

| 物候期 | 相对湿度（%） | 主要灌溉指标（mm） |
| --- | --- | --- |
| 扣棚至萌芽 | 80 | 10~20 |
| 初花至盛花期 | 50~60 | 10~15 |
| 谢花期 | 50~60 | 10~15 |
| 果实膨大期 | 60 | 10~15 |
| 着色至采收期 | 50 | 5~7 |

（三）花果管理

花果管理是大棚栽培樱桃提高产量、增进质量的重要技术措施。主要包括人工授粉、蜜蜂授粉，疏蕾疏果、促进果实着色和预防裂果等内容。

1. 疏蕾

疏蕾一般在开花前进行，主要是疏除细弱果枝上的小花和畸形花，每花束状果枝上保留2~3个饱满健壮花蕾即可。疏果一般在生理落果后进行，要把小果、畸形果和着色不良的下垂果疏除。一般1个花束状果枝留3~4个果即可，最多4~5个。

2. 促进果实着色的措施

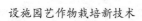
（1）摘叶：在合理整形修剪、改善冠内通风透光条件的基础上，在果实着色期将遮挡果实浴光的叶片摘除即可。果枝上的叶片对花芽分化具有重要作用，切忌摘叶过重。

（2）铺设反光材料：果实采收前10~15天，在树冠下铺设反光膜，增强果实的浴光程度，促进果实着色。

3. 防止裂果措施

（1）稳定土壤水分状况：在樱桃果实硬核期至第二次速长期，要使10~30cm深土壤的含水量稳定在12%左右。

（2）采收前喷布钙盐：采果前每周喷布1次0.299%氯化钙液，共3次，能增加果实中的可溶性固形物含量，降低裂果率。

### 五、樱桃病虫害防治

（一）病害防治

1. 樱桃穿孔性褐斑病

（1）发病症状

发病初期形成针头状的紫色小斑点，扩大后形成圆形褐色病斑，上生黑色小粒点，这有别于细菌性穿孔病。最后病斑干燥收缩，周缘产生离层，常由此脱落成褐色穿孔，边缘不明显。严重时，造成提早落叶，降低产量。

（2）防治技术

①加强管理：加强大棚综合管理，改善立地条件，增强树势，提高树体抗病能力。

②减少菌源：扣棚前清理棚室，扫除落叶，彻底剪除病枝，集中烧毁。

③药剂防治：根据降雨的早晚和多少，分别在谢花后至采前，喷1~2次代森锰锌可湿性粉剂600倍液，或75%的百菌清可湿性粉剂500~800倍液，或80%大生800倍液，或50%多菌灵可湿性粉剂800倍液。采果后，喷布2~3次1:1:200倍液波尔多液。

2. 樱桃细菌性穿孔病

（1）发病症状

叶片受害，初呈半透明水渍状淡褐色小点，后扩大成圆形、多角形或不规则形病斑，直径为1~5mm，紫褐色或黑褐色，周围有一淡黄色晕圈。继而病斑干枯，易脱落穿孔。

（2）防治技术

①农业防治：可参照樱桃穿孔性褐斑病的防治技术。

②药剂防治：发芽前喷一次4~5波美度石硫合剂，或45%的晶体石硫合剂30倍液，或1:1:100倍液波尔多液。谢花后，在新梢生长期喷77%可杀得101可湿性粉剂800倍液，或65%代森锌可湿性粉剂500倍液，或72%农用链霉素可溶性粉剂3000倍液，均有较好防治效果。

（二）虫害防治

1. 桃红颈天牛

（1）危害：是危害大棚樱桃的重要枝干害虫，一般2~3年完成1代，以幼虫在蛀食的虫道内越冬。6~7月份羽化为成虫，在枝干的翘皮裂缝中产卵，初孵幼虫先在枝干的皮下蛀食，虫孔排列不整齐。第二年，大幼虫深入到木质蛀食，蛀成孔道，并从蛀孔向外排泄锯末样的红褐色虫粪。被害树长势衰弱，严重时整株死亡。

（2）防治技术

①人工防治：小幼虫在皮下危害期间，发现虫粪，即行人工挖除；或用人工针管注射80%敌敌畏乳油20倍稀释液；或用50%辛硫磷乳油50倍液，注入虫道；或往蛀道内塞入56%磷化铝片1/4片，用泥封堵药杀之。6~7月份成虫发生期，人工捕杀。

②药剂防治：在成虫发生量较大时，用50%甲基对硫磷乳油或40%水胺硫磷乳油1000倍液，往树干上喷洒，施药重点是距地面1m的范围内，以消灭卵、初孵幼虫或成虫。

2. 梨冠网蝽

又名梨军配虫或梨花网蝽，是危害樱桃的主要害虫，在全国大部分果树产区都有分布。

（1）危害特征

以成虫和若虫在樱桃叶背面刺吸汁液。被害叶片正面出现苍白色斑点，背面布满褐色排泄物。受害严重时，叶片变成锈褐色，易干枯脱落。

（2）防治技术

①人工防治：在扣棚前或扣棚后，要及时清除果园杂草和枯枝落叶，对树干粗糙的大树，要刮除翘皮，消灭在此处越冬的成虫。

②化学防治：在虫口密度小的情况下，扣棚期间无需喷药防治。揭棚后在各代若虫发生期，可选择下列药剂喷雾：80%敌敌畏乳油1000倍液，或40.7%乐斯本乳油2000倍液，或40%氧化乐果乳油1000倍液，或20%速灭杀丁乳油2000倍液。

### 六、采收与包装

适期采收是大棚樱桃优质丰产、增加效益的有效措施。当地销售的果实，一般是在果实成熟，充分表现出本品种的果实性状时采收；外地销售的，一般是在果实八成熟时采收。采收时要轻采轻放，避免损伤果面，降低果实等级；避免损伤花束状果枝，以免降低来年产量。

采收后的樱桃果实，要先在园内集中初选，剔除青绿小果、病裂僵果、虫蛀果、霉烂果等，然后进行分选包装。

### 七、撤膜后的管理技术

果实采收后，撤除棚膜。及时除草、追施复合肥，并及时浇水。降雨量较大时，注意园内排水,防止涝灾。要切实搞好采果后的夏季管理,尽量疏除直立、旺长枝,采取摘心的方法控制好多次生长枝梢的生长势力,使树体保持中庸。同时注意做好病虫害的防治和秋季施肥,以提高树体的贮藏营养水平。

**八、樱桃设施栽培防止"隔年结果"技术**

1. 疏花疏果,合理负载:疏花蕾,疏除花束状果枝上的瘦小和萌动较晚的花蕾,开花期间疏除瘦小的边花,留饱满的中间花,每个花束状果枝只留7~8朵花。疏果在落花后3周进行,疏除小果、畸形果及过密果。

2. 花芽分化期保证养分供应:花芽分化期增施肥料应遵循控氮、增磷、补钾的原则。落花后10天左右,追施一次速效性化肥,如磷酸二铵和硫酸钾等;落花后15天开始每周喷一次磷酸二氢钾液,一直到采果后1个月左右结束。叶面喷肥可结合喷杀菌药同时进行。

3. 花芽分化期灌水:大樱桃对水十分敏感,特别是果实硬核期以后缺水,将严重影响果实膨大和花芽分化,此期田间持水量应保持在60%左右。一般在花后10天左右灌第一次水,硬核后灌第二次水,水量以一流而过为宜,采果后灌一次大水。

4. 合理修剪:生长期注意改善树体通风透光条件,采取摘心、拉枝、疏除过密枝、徒长枝等措施。

5. 平衡施肥技术:9月份,"十"字形放射状开沟施肥,施肥沟距树干40~50cm,宽25~30cm,深25~40cm,长1m左右,为树高的1/3。每条沟靠近树干处窄、外围宽,呈"小喇叭口"状;挖沟时要切断树根。一次施足基肥,结果树每株施氮磷钾复合肥4~6kg,"十全大补"或"施果多"有机生物微肥(含13种微量元素)3~4kg,腐熟好的有机肥30~50kg,均匀拌好与四分之三的沟土混合填入施肥沟,余下四分之一的土壤盖在施肥沟上,压实。施肥沟每年轮换,四年一循环。

# 第三节　杏树设施栽培新技术

杏树为小乔木,多年生落叶果树,树冠高为3~5m,树形一般为直立开张型,因品种和环境条件的不同而有差异。杏具有早熟性,萌芽率和成枝力较低,隐芽寿命长,且萌发力强,受刺激后可抽生为新枝,长中短果枝结果良好。杏果椭圆形、果个大、外表光滑、色泽艳丽;果肉酸甜适口、营养丰富,具有很高的营养价值和医疗价值。目前,我国栽培杏树的基本方式有露地栽培和设施栽培两种模式。露地栽培面积广,栽培技术简单且已积累了丰富的栽培经验;设施栽培起步晚,面积少,没有成熟的经验,但利用设施进行杏树的促成栽培,可以显著地提早成熟期,有效地防止花期霜冻,提高杏的经济价值。

### 一、品种选择

在设施内栽培杏树选择的品种应具备休眠需冷量低、自花授粉率高、早熟、优质、丰产、耐低温弱光、耐湿、抗病等特性。目前常用的国外引进品种有凯特杏、金太阳杏、玛瑙，国内传统优良品种有红荷包杏、仰韶黄杏、明星、香白杏等。

### 二、定植时间、密度及授粉树的配置

（一）定植时间

设施栽培以秋末冬初为宜，从霜冻到土壤冻结前均可栽植，越早越好。

（二）授粉树的配置

设施内栽培主栽品种不宜过多，2个为宜，否则不利于管理；授粉树与主栽品种的比例为（1~2）∶10，并且授粉树果实采收期应与主栽品种一致。

（三）定植密度

设施内栽培要求初期高密度，后期逐渐间伐。品种选择和定植方法技术同露地栽培技术。

### 三、栽植方式及修剪

（一）选择优质苗木

一般要求苗准、苗良、苗壮。苗准即品种准；苗良即无病虫检疫物件、无机械损伤；苗壮即具有当年生优质壮苗的特点：①根，基部粗度0.4cm以上，20cm长的须根5条以上；②茎，高度80cm以上，直径0.8 cm以上，颜色纯正，芽体充实饱满；③嫁接部位愈合良好，无明显弯曲现象。

（二）栽植方法

根据确定好的株行距，在栽植地上标好定植点，然后挖好定植穴，穴深1m，直径1m；有条件的在确定好定植行后可挖定植沟，沟深80cm，宽1m。栽植前，首先在穴底或沟底放一些杂草或落叶，上面覆基肥，每穴50kg左右；然后将杏苗根系修整后，蘸上泥浆放入穴内，少填一些土，左右对直后边埋土边提苗木，使根系得以舒展并与土壤紧密接触；栽植深度以嫁接口与地面相平为准，封土后踏实，并立即浇透水。

（三）定植后幼龄杏树的修剪

1. 修剪原则

迅速扩大树冠，促进结果枝组的出现，增加结果面积。设施内栽培常用树形是二主枝开心形和纺锤形。

2. 修剪方法

对主枝和侧枝的延长枝进行短截（剪去枝条的1/3~2/5），促发侧枝；对非骨干枝要疏

除过旺的直立性竞争枝和密集枝，其余保留，对壮而不强的轻截或摘心，促其形成结果枝组；但对直立性强的品种或生长极旺的幼树，直立性竞争枝太多，不能全疏，留花芽多而饱满的拉平，待生短枝后回缩，改造成结果枝组。幼龄杏树的修剪宜轻不宜重，以利早成形早结果。

### 四、杏树设施栽培管理技术

#### （一）覆膜及覆膜后到萌芽前的管理

覆膜的时间一般掌握在临近露地解冻前1~2月，华北地区以1月中旬为宜。覆膜过早，外界温度低，需增加加温的能源且不宜管理；覆膜过晚，成熟期推迟，降低效益。覆膜后2周，地温上升，根系复苏。此时夜间温度不能低于0℃，白天最高温度不能高于25℃。土壤不能干燥，棚内湿度控制在80%左右。此期管理主要是加温，夜间大棚加炭盆，温室点火加温，白天中午适当通风。关于水分，如冬季雨水少，覆膜后可轻灌一次。

#### （二）从萌芽到开花期的管理技术

覆膜后20天，树体开始萌芽，2月上旬花蕾形成，中旬花陆续开放，下旬达到盛花期，盛花期10天左右，2月底花谢。

1. 温度管理

棚内最低温度控制在5~7℃，最高温度控制在25℃以下，以17~22℃最适宜，夜间加盖草帘，中午适当通风。

2. 水分管理

如遇到连续干旱天气，可适当轻灌，但只要表土未发干变白，轻易不要灌水，以免影响温度上升。

3. 树体修剪管理

此时叶芽已经萌动，对于位置不当，数量过多的嫩芽要及时抹去，以节约养分，抹芽易早不易晚，过晚易留伤疤并导致流胶。

4. 盛花期授粉管理

棚内杏树的授粉一般采用晴天放蜂技术，注意放蜂期间要加大通风，如果不通风易造成死蜂；如遇到阴雨天气可进行人工授粉，同时注意在盛花期喷洒2次天丰素或硼砂加白糖。

#### （三）从落花到果实膨大期的管理技术

此期在花谢后10天左右，可见到米粒大小的幼果，果梗粗，带绿色，圆形；3周后果实迅速膨大，此期需较多的水分和养分。

1. 温度管理

幼果期白天温度控制在20~22℃，膨大期白天温度控制在25~28℃，夜间温度控制在10~15℃，技术上仍应注意白天通风，夜间盖帘保温。

2. 水肥管理

此期果实生长需较多的水分和养分,应加强施肥和浇水。灌水应掌握在果实坐稳后(即小拇指肚大小),浇一次水,在果实膨大期再浇水一次,以满足此时对水分的迫切要求。但灌水后应立即浅中耕,防止土壤板结,改善根系生长环境。同时应加强通风,避免棚内湿度过大。施肥应配合浇水一块进行,第一次浇水时,株施0.25kg硫酸钾,第二次浇水时,株施0.2kg硫酸钾。

**3.花果管理**

疏果应在生理落果后进行,留果不宜过多,过多果形不整齐,而且着色不良,降低质量。为提高坐果率,花后应喷施一次硼砂加白糖,并隔10天喷一次天丰素。幼果期浇水后喷施一次多效唑(每株10g)加尿素(每株0.25kg)加天丰素(每株5ml),以促进果实发育和抑制旺梢生长。

**(四)从果实着色到采收的管理技术**

此期果实大小已定,生长缓慢,逐渐着色成熟,养分转向枝叶生长。主要管理技术如下。

**1.温度管理**

白天温度控制在25~28℃,夜间加大通风,降低温度,增大昼夜温差以利于糖分积累和果实着色。

**2.水肥管理**

此期果实生长缓慢,需水分和养分均少,一般不灌水,除非土壤过于干燥,可以少量轻灌,防止裂果;一般不施肥,防止新梢旺长。

**3.树体管理**

此期温度高,养分足,新梢生长旺盛,应将生长强旺的新梢全部去掉,对弱枝扭梢或摘心,以改善通风透光条件,利于着色。

**(五)杏果采收后到落叶期的管理技术**

此期正值北方夏季,雨水多并且炎热高温,杂草病虫害容易滋生。此期管理技术如下所述。

**1.叶片管理**

重点是保叶,叶片是制造养分的主要器官,是采果后花芽分化正常进行的前提,所以,必须采取一切防治方法消灭各种危害叶片的各种病虫害。

**2.夏剪管理**

采果后正处于夏季的高温高湿的环境,枝条生长旺盛,容易导致内膛郁闭。夏剪时必须疏除过旺枝条,并对弱枝进行扭梢或摘心促使枝条粗壮和花芽的形成,以改善通风透光条件,利于杏树的生长。

**3.水肥管理**

杏树速成苗多以桃、李、杏为砧木,它们的根系均不耐涝,雨季必须清好排水沟,及时排除园内积水;施肥主要是在采果后和修剪后每株施果树专用复合肥150~250g,每年秋季(约在9月中下旬)施足基肥,每亩施5000~8000kg。

**4. 间伐技术**

棚栽杏树进入盛果期后，由于前期定植时的高密度，此时会造成郁闭。必须及时进行间伐，一般在采果后进行，越早越好，必须在6月上旬完成。

### 五、杏树的主要病虫害及防治技术

杏树病虫害的防治仍然要坚持"预防为主，综合防治"的植保方针，努力抓好农业防治、生物防治、机械防治和化学防治。

（一）主要的病害及防治技术

1. 杏树流胶病

（1）现象：主要发生在主干、主枝、小枝及果实上，被害枝流出琥珀色树胶，干后成块，严重时树皮干裂、坏死，造成整株死亡；被害果病部表面布满胶粒、发青、变硬不能食用。

（2）病因：真菌和细菌通过伤口（雹伤、冻伤、日灼伤、虫咬伤）侵入果实引起流胶病。

（3）防治技术：预防雹灾、冻害、日灼病的发生，方法有主干和大枝涂白；防治天牛；控制氮肥用量，不过量喷施农药；刮除病枝病部，涂以40%的福美砷50倍液控制蔓延。

2. 杏树褐腐病

（1）现象：主要危害果实，也危害花和枝，杏果成熟时在果面先出现圆形褐色斑，并有圆环状灰白色霉层，病斑迅速扩大到全果，使果肉变褐腐烂，病果腐烂后干缩挂在枝头不落；花感染后枯萎，干枯在枝上；被害枝条发生灰褐色溃疡斑，伴有流胶现象，病斑扩大枝条死亡；幼叶被害后叶缘出现水浸状斑点，病斑扩大，整叶枯萎。

（2）病因：真菌由分生孢子从皮孔、伤口侵入感染造成，气温20~25℃最易发病，高温高湿易发病。

（3）防治技术：消灭传染源，摘除僵果、病枝、病叶集中销毁；早春发芽前喷洒5度的石硫合剂；幼果期喷洒65%的福美锌或65%的福美铁400倍液，每10~15天喷洒1次，连续3次；采果后喷洒800倍液的退菌特可控制叶片感染。

3. 杏树根腐病

（1）现象：开始在须根上出现棕褐色病斑，进而逐步扩大到侧根和部分主根发生溃疡、木质部坏死并开始腐烂。根系受害后，地上部枝叶萎蔫，叶片焦枯，整株落叶或死亡。

（2）病因：真菌浸染根系造成，高温多雨季节发病迅速。

（3）防治技术：严把苗木品质关，剔除带病苗木；不在出现过此病的地块建园；用稀释200倍硫酸铜或200倍的代森铵灌根，方法是在树干周围50cm处挖深宽各30cm的环形沟，每株灌药液10kg，待药液下渗后覆土。

（二）主要虫害及防治技术

1. 蚜虫

（1）危害规律：危害杏树的蚜虫是桃蚜，一年发生10代，以卵在枝条、芽腋、地面裂缝或小枝杈等处越冬。3月下旬到4月上旬开始孵化，幼叶展开若虫群集叶背吸食营养，并迅速胎生繁殖；5月上旬产生有翅蚜，迅速蔓延，危害加重；9～10月份有翅蚜飞到越冬处产卵越冬。

（2）危害特征：叶片向背面卷曲，叶色变淡。生长变缓，树势变弱。

（3）防治技术：剪除被害枝叶，清扫杏园，铲除虫卵越冬场所；在卵孵化后卷叶前喷洒50%抗蚜威可湿性粉剂2000倍液或50%甲铵磷乳油1500倍液，20%速灭杀丁乳油2000倍液，发芽前喷洒3～5度的石硫合剂；设施栽培时盖棚后用蚜螨熏蒸剂熏蒸。

2. 红蜘蛛

（1）发生规律：危害杏树的红蜘蛛是山楂叶螨，红蜘蛛以受精雌成螨在树皮缝中或土块下越冬，3月下旬出蛰，移至花萼及嫩芽处为害；展叶后在叶背吸食营养，5月下旬成螨产卵于叶背主脉两侧，10天左右孵化成幼螨，一次蜕皮变成若螨，再次蜕皮变成成螨，6月中下旬为第一代雌螨发生盛期，9月下旬雌螨开始越冬，每年6～7代。

（2）危害特征：开始叶脉附近失绿进而叶背变成暗褐色，呈焦枯状，而后脱落，树势变弱。

（3）防治技术：冬季清扫落叶，刮除树皮，翻耕树盘，消灭部分越冬雌螨；出蛰前喷洒5度石硫合剂，并刮树皮涂熟石灰消灭越冬成螨；生长期喷洒20%扫螨净可湿性粉剂200倍液，20%三氯杀螨醇500～600倍液，洗衣粉800～1000倍液；设施栽培时用蚜螨熏蒸剂熏蒸。

3. 杏蛆

（1）发生规律：杏蛆就是桃小食心虫，以幼虫危害杏果。每年发生1～2代，老熟幼虫在土内结茧越冬，5月中旬开始出土，6月上旬为出土盛期，出土后在土缝草根处化蛹，6月中旬羽化成成虫，成虫产卵于果梗洼处，6～7天幼虫孵出，在果面爬行30分钟后蛀入果内取食，20天后幼虫脱果坠地，入土做茧。第二代不再影响杏果。

（2）防治技术：抓住幼虫入果前的关键期进行防治。秋冬深翻树盘，消灭越冬虫茧；幼虫出土前在树干周围覆膜，阻止成虫出土；将落果和虫蛀果集中销毁；幼虫出土期在树盘地表撒辛硫磷微胶囊，每亩施纯药0.1～0.15kg，雨后施用效果好；成虫羽化期喷洒20%速灭杀丁乳油3000～6000倍。

# 第四节　草莓设施栽培技术

草莓是世界各国普遍栽培的一种浆果植物。它营养丰富、果实多汁、甜酸可口，繁殖容易、受益快，采取一定措施，当年栽植当年即可结果。合理搭配种植或采取不同的保护措施栽培，可使草莓果实在不同时期成熟，延长鲜果供应时间，采取保护地栽培草莓将更加经济地利用土地, 提高土地劳动生产率, 具有十分可观的经济效益和社会效益。

### 一、品种选择

保护地栽培草莓要选用休眠较浅, 在冬季和早春低温条件下开花多、自花授粉能力强、耐低温、黑心花少、果型大而整齐、畸形果少、产量高、果实口味佳, 特别是市场竞争力强的品种。同时, 草莓虽然自花结实能力强, 但搭配1~2个授粉品种, 可明显提高产量。栽培面积较大时, 品种上可早、中、晚搭配, 既能排开上市时间, 又能合理地调整人力物力。目前栽培面积较大, 表现较好的品种主要有丰香、宝交早生、弗杰利亚、全明星、春香、女蜂等。

### 二、定植建园

草莓具有喜光、喜肥、喜水、怕涝等特点, 园地最好选择地势较高、地面平坦、土质疏松、土壤肥沃、酸碱适宜、排灌方便、通风良好的地点; 草莓较其他水果不耐贮运, 对采收和销售时间要求严格, 因此, 大面积发展草莓, 还应考虑到交通、消费、贮藏和加工等方面的条件, 确定适宜的发展规模。

### 三、苗木培育

在草莓生产中主要选用匍匐茎形成的秧苗与母株分离形成新的草莓苗木的方法来进行苗木培育。母株管理要围绕节省营养, 以促进抽生匍匐茎和培养健壮子苗。去母株花序, 母株成活后产生花序要及时去掉, 积累营养, 提高苗木繁殖率。母株抽生匍匐茎时, 要及时引压匍匐茎, 并向有生长位置的床面引导抽生的匍匐茎, 当匍匐茎抽生幼叶时, 前端用少量细土压向地面, 外露生长点, 促进发根。进入8月以后, 匍匐茎子苗布满床面时, 要摘心及时去掉多余匍匐茎, 控制生长数量。一般每一母株保留5~6个匍匐茎苗, 多余的匍匐茎在未着地前去掉, 9~10月即可培育出壮苗。

### 四、定植

1. 整地

栽前一周整地, 每亩施优质农家肥4000~5000kg, 深翻30cm, 整平、耙细, 根据栽培密度起垄做床, 一般床高10~15cm, 垄床面宽60~70cm, 垄床间距20~30cm, 垄床向与温室朝向一致。

2. 定植时间

日光温室栽培草莓的定植时间由苗木和当地气温条件决定, 一般苗木可以在花芽分化形成花芽前或花芽形成以后进行栽植。但是, 在低温到来前, 新植草莓必须能够恢复正常发育。北方地区于9月至10月中旬栽植为好, 其次也可于7月中至下旬在草莓花芽分化前栽植。

3. 栽植密度

采取宽、窄行（或双行）栽植，通常在做好的垄床上栽双行距离为35~45cm，穴距25~30cm，亩栽植4000~4500穴，每穴栽植2~3株。如果单株栽植，株距13~17cm，每亩用苗8000~10000株。

4. 栽植方法

栽植深度以"深不埋心，浅不露根"为宜，过深会影响新叶的发生，并导致新株死亡；过浅，部分根系暴露，水分蒸发量大，且吸水困难也会影响成活。栽植时首先顺垄床覆地膜压严四周，再在垄床上按栽植密度将地膜打眼，刨穴，栽苗时要将苗的弓背一侧向外，使花序着生在床的两侧。再将苗木舒展根系，培细土，栽植秧苗，秧苗新茎基部要与床面平齐。也可不覆地膜直接在垄床上栽植。


**五、定植后管理**

1. 温度调控

日光温室通过覆盖塑料提高室温，各地由于气候条件不同，覆膜的时间也不相同。北方地区11月中旬，结冻前扣膜为宜。日光温室覆膜后迅速升温，初期最高温度不要超过25℃，温度再高时要开通风口降温。夜间温度降低，最低温度保持在5℃以上为宜，继续降温时，应采取塑料薄膜上加盖纸被或草帘等保温措施。特殊年份遇低温气候条件可在温室后墙建立砖火墙，生火炉加温。草莓生长后温室棚内温度控制指标为：夜温在2℃以上，白天温度在30℃以下，开花期间夜间温度在7℃以上，白天温度在20~26℃。

2. 肥水管理

大棚草莓结果期长，为防止脱叶早衰，要重施基肥，中后期多次喷肥，以满足其营养要求。在施肥品种上要掌握适氮增磷、钾，一般每亩基施优质农家肥4000kg，配施复合肥50kg。追肥采取"少量多次"的原则，从上棚至现蕾，可10天左右施一次肥、浇一次水；开花前1周左右，要停止浇水；开花后，可15天左右施一次肥，浇一次水。另外，中后期结合喷药，叶喷多元微肥或883丰产灵、植宝素等有机营养液，以促进中后期果实的良好发育，提高果重及含糖量，使果味更鲜美，商品价值更高。

3. 植株管理

草莓栽植成活后对植株进行管理主要包括三个内容：一是除匍匐茎。及时摘除植株抽生的匍匐茎，做到随间随除，集中清出室外销毁。二是除枯叶、弱芽。草莓成活后叶片不断老化，光合作用减弱，并有病叶产生，因此生长季节要不断除掉老黄叶、病叶和植株上生长弱的侧芽，以节省营养，集中营养提供结果。三是疏除花蕾。在开花前疏除多余的花蕾。大型果的品种保留1、2级序的花蕾，中、小型果品种保留1、2、3级序的花蕾。

4. 花果管理

（1）花期辅助授粉：草莓虽自花授粉结实，但由于日光温室内空气湿度大，温度变化幅度大，通风量小，昆虫少等多种因素，不利草莓授粉和受精。不进行辅助授粉，则果实个头小，畸形果增多，进行辅助授粉果实个头增大，果形整齐，产量明显提高。温室内草莓辅助授粉可以采取两种方式：一是温室内放蜂由昆虫授粉，具有节省人工和授粉均匀的特点。一般每亩温室放蜂两箱即可。二是人工点授，用毛笔进行点授。

（2）垫果：草莓垫果最好采用地膜覆盖，结合土壤管理，一举多得。没有地膜，也可在现蕾后铺上切碎的稻草或麦秸垫果。垫果材料在果实采收后应及时撤除，以利于中耕施肥等田间管理。

5. 防治病虫

大棚草莓病虫害要以农业防治为主，药剂防治为辅，即通过采用脱毒壮苗、高垄栽植、地膜覆盖、水旱轮作及避免干旱、高温等措施预防病果、烂果的发生。田间发现病株烂叶和果实要及时清除，集中销毁，严防扩展蔓延。药剂防治要注意开花前后不用药，以免影响授粉，使畸形果增多。采果期要尽量少用药，必须用药时应选择残毒低的药剂，并且喷药后2~3天内应停止采果，防止果实残毒影响人体健康。

六、采收与包装运销

1. 采收

草莓花后30天左右，果实颜色变为红色时，浆果成熟，采摘时手把果柄用力摘断，每1~2天采摘一次，每次采收都要将成熟适宜的果实采净。采收时要轻摘轻放，随时剔除畸形果。将病、虫果分级包装。

2. 包装

选择长50~70cm，宽30~40cm，高15~20cm的塑料（硬纸板或薄木）箱，箱内嵌入软纸或塑料泡沫，将果实轻轻放入箱内，按同方向排齐，使上层的果柄处于下层果的果间。大型果放3~5层；小型果放5~7层，定量封盖，系好标签，注明产地、品种、等级和数量。

3. 运输

用冷藏车或有棚的卡车在车厢上垫草帘，将果箱挨紧，排放一层，上面盖纸后再横向排放第二层，装箱至3~5层，最上层果箱加盖防尖罩、封车。

4. 储存

临时储存的存放库要通风、凉爽、整洁。在3~4℃的条件下可存放2~3天。速冻冷藏，选择果形个头整齐的果实，去萼片，用清水洗净，然后放入2%的高锰酸钾溶液消毒，之后再用清水冲洗，沥水后装塑料盒（袋），每盒装5~10kg，送入速冻室在-25℃~-30℃冻室内速冻5~7小时，再放入-18℃冷库存放。

# 第六章 设施花卉栽培新技术

我国具有发展花卉产业的种植资源、气候资源、劳动力资源和悠久的花文化资源等优势，被誉为"世界园林之母"。目前因地制宜的发展花卉产业，是美化人们的生活环境，提高人民的精神生活水平，实现小康社会、构建和谐社会的主要途径。

当前世界花卉生产，正朝着温室化、专业化、管理现代化、产品系列化、供应周年化的方向发展。为保证花卉生产不受或少受自然条件的影响、保证花卉产品优质、高产和周年均衡供应，花卉温室生产的规模日益扩大。我国的温室花卉生产兴起于20世纪80年代，起步晚，栽培经验少。但近几年发展迅速，栽培面积和种类增加迅速，为保持花卉温室生产又好又快的发展，搞好花卉设施栽培技术的研究和推广已经是迫在眉睫的问题。

## 第一节 菊花设施栽培技术

菊花又名九花、帝王花、秋菊，为菊科菊属植物。原产我国，在我国栽培历史悠久。历来被视为高风亮节、高雅傲霜的象征，代表着名士的斯文与友情。现在世界各国切花菊栽培盛行，是世界上著名的四大鲜切花之一，深受广大人民的喜欢。

### 一、设施栽培菊花对品种的要求

菊花有寒菊、夏菊、秋菊和7、8、9月开花菊等。通常由年初的秋菊、寒菊的抑制栽培，接着用夏菊和秋菊进行促成栽培，最后是7、8、9月开花菊，秋菊、寒菊的正常开放，形成周年栽培供应体系。

常用的秋菊品种：四季之光（紫）、新东亚（白）、银心（白）、纳期特（桃红）、黄云仙（黄）、清耕锦（鲜红色）等，露地约在10月中、下旬开放。

寒菊品种：乙女樱（桃红）、社之雪（白）、天家原（白）、弥荣（黄）等，露地约在11~12月开花。

夏菊品种：面影（白）、黄屏风（黄）、足柄锦（紫）、扶桑（黄）、新味园（桃红）等，露地在5~6月份开放。

7月、8月、9月开放花菊品种有：春驹（桃红）、信浓川（白）、立波（黄）、大绯玉（绯红色）等，露地在7~9月份开放。

### 二、育苗与定植

（一）育苗

菊花栽培育苗需苗量少的情况下一般选择分株法和压条法，大量生产时采用扦插法、嫁接法和组织培养法。

1. 分株法

将其植株的根部全部挖出，按其萌发的蘖芽多少，根据需要以1~3个芽为一窝分开，栽植在整好的花畦里或花盆中，浇足水，遮好阴，5~10天即可成活。用这种方法繁殖的株苗，强壮，发育快，不变种。

2. 扦插法

可分为芽插、枝插两种。

（1）芽插：在菊花母株根旁，经常萌发出脚芽来，当叶片初出尚未展开时，作为插穗进行芽插，极易生根成活，且同分株法一样，生命力强，不易退化。

（2）枝插：在4~5月期间，可在母株上剪取有5~7个叶片，约10cm长的枝条作扦插枝。将扦插枝下部的叶子取掉，只留上部的少部分2~3片，插枝下端削平，扦插时不要用插枝直接往下插，可用细木棍或竹签扎好洞，然后再小心地将插枝插进去，以免损伤插枝的切口处或外皮。插枝的入土深度约为插枝的三分之一，或者一半。插好后压实培土，洒透水，在温度15~20℃的湿润条件下，15~20天可生根成活。待幼苗长至3~5个叶片时，即可移栽定植在苗圃或花盆里。

3. 嫁接法

人们通常多用根系发达，生长力强的青蒿、白蒿、黄蒿为砧木，把需要繁殖的菊花株苗作接穗，用劈接法嫁接。其劈接的方法是：先选好砧木和接穗，然后将砧木根据需要的高度处切掉，切面要平整，并在切面纵向切割；接穗下部入砧木处两侧各削一刀，使接穗成楔形，插入砧木纵切口处，但必须注意将接穗和砧木的外侧形成层对齐，劈接成功与否的关键就在此举，然后绑扎即可。一般一株上可接1~6个或8个接穗，要视砧木粗细来定。接好后要适当遮阳，以防接穗萎蔫而失败。待接穗成活后，切口已全部愈合好，才可取掉绑扎带，同时应抹去砧木上生长的小枝叶。大田生产常采用此繁殖法。

4. 压条法

待菊花枝条较老化后,可采取连续压条法或堆土培压的办法进行。先选好距离地面较近的健壮枝,除去土压部位的叶柄,并在此处稍破坏一部分表皮到木质部,以便结痂易在此处生根。待生根后,在叶腋间长出新枝10~15cm时,分离母株,若是连续压的也可各自分离,使之成为独立的新株苗。再过一段时间后移株。

（二）定植

定植前每1000㎡施入腐熟的厩肥4500kg,因切花菊怕涝,所以,必须深沟高畦,畦高30cm,宽1~1.2m。定植深度为1.2~2cm。定植密度因栽培类型而异,多本栽培（即一株多枝）每畦种2行,行距60~70cm,株距10cm。独本栽培（即一株一枝一花）,株行距为（9~12）cm×（12~20）cm。定植时间差异较大,一般应按花期前4~5个月定植。

### 三、栽培管理

（一）肥水管理

1. 盆花栽培

追肥、浇水的原则:生长期中宜瘦,含苞待放之际宜肥,梅雨期宜干,开花之时宜湿。

（1）浇水。浇水必须遵循"不干不浇、浇则浇透"的原则。既不能浇半截水又不能过量浇水。晴天于早晨8~10时浇水,此时的浇水量等于盆土水分蒸发量和菊株蒸腾量之和,下午即使叶片略有萎蔫也不要补水,因为晚上露水出现后,气温降低,蒸发量少,萎蔫叶片能恢复原状,否则容易徒长。花芽分化期必须控水,才有利于花芽分化,花蕾形成后适当增加浇水量,但仍以早上浇水为佳。浇水不可过急,不可冲起泥土溅到脚叶上,否则脚叶容易脱落,也容易传播病虫害。雨天要防止花盆积水。

（2）施肥。菊花为喜肥植物,根据不同生长发育时期的需要,结合松土、除草,做到适时适量施肥。

营养生长期,菊花生长初期,每隔10天施腐熟稀薄液肥1次,宜用豆饼加过磷酸钙沤制的肥水,也可叶面喷施0.4%的尿素,促进幼苗的生长。

随着植株的长大,需氮量的增长,此间可根施尿素液,以满足植株生长发育之需,并不失时机地进行尿素和磷酸二氢钾等氮、磷、钾的根外喷施,达到叶绿肥大,秆壮、抗性强的目的。

生殖生长期,菊花在花芽分化期必须停施氮肥,增施磷、钾肥,促进花芽分化,如可用2000倍液磷酸二氢钾进行叶面喷施,每周1次,花蕾形成后,需同时补充氮、磷、钾肥,并增大施肥浓度和施肥量,直到花蕾显色为止。

2. 切花栽培

在定植前浇足底水,使土壤充分湿润,定植后少量多次浇水,促进缓苗发根,促使幼苗健壮,整个生育期保持土壤湿润。生产上也可以用土壤湿度控制花期,花蕾发育缓慢,可以利用

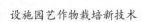

加大浇水量和叶面喷水促进花蕾发育，花蕾发育过早，可以控制浇水量控制花蕾发育。

在施足底肥的情况下，一般不需要大量追肥，孕蕾期适当追施磷肥，开花期适当追施钾肥，孕蕾至开花期适当控制氮肥。

（二）温度管理

1. 盆花栽培

花芽分化时白天温度应控制在20～25℃，夜间在10～15℃；花芽分化后白天温度在20℃左右，夜间在10℃以上。花蕾发育过快可适当降温，反之，则适当升温。水分也是如此，花蕾发育快，可适当控水，反之则加大浇水量或叶面喷水。浇水后当外界气温升高后，再适当通风以降低设施内的湿度。

2. 切花栽培

秋菊生长适温为15～20℃，开花适温10～15℃，10月中旬后扣棚保温，开花前10天必须保证10～15℃的温度，如果温度较低，可以采取加温措施。夏菊栽培补光时，夜温控制在5～6℃，促进花芽分化时可以提高到8～10℃，温度不要超过10℃，超过10℃将使花茎变短、变细，降低鲜切花的品质。寒菊管理参考秋菊的管理要求。

（三）植株调整技术

1. 盆花栽培

摘心可以促进侧枝萌发，增加开花数，使植株分枝均匀，体形丰满美观，植株矮壮，调节开花期达到观赏价值高、经济价值高的目的。第一次摘心是在定植成活时，把主茎2节以上的部分摘掉，以后每隔15天在每个侧枝留下2节摘心一次，摘心次数可根据所留花头数来决定。

2. 切花栽培

（1）摘心：定植10～15天，进行第一次摘心，只留最下面5～6叶，使全株抽5～6个分枝，其余的疏除，保证每株可以产生5～6枝花。

（2）打杈：对分枝上又抽生的侧枝要随时摘除。

（3）剥蕾：现蕾后要及时全部剥除主蕾以下的侧蕾，但注意不要伤及主蕾。

（4）柳叶头的处理：如在栽培中枝条顶端出现柳叶状的小叶封顶而不分化花芽，应及早摘去柳叶部分和其1～2片正常叶，使其下部侧芽发育成新的主茎生长开花。

（四）支柱和张网

1. 盆花支柱

为防止菊株生长弯曲，避免因大风、暴雨折断和倒伏，需设立支柱。用小竹竿插入盆中需固定的菊株，每株一竿，小竹竿的高度应比该品种高度略高5～10cm，用细绳子交叉固定小竹竿和菊株，自下而上逐步进行，操作时适当调整植株高度，太高的稍加弯曲，使各花分布匀称，高矮统一，整齐美观。至花蕾显色或外轮花瓣初绽时进行最后一次调整，以使菊株茎秆笔直挺拔，并将小竹竿高于花头的部分在花托之下剪断。同时在竹竿顶端将花头固定，小竹竿涂成绿色，使其与植株的颜色一致，使捆扎好的菊株从正面看几乎看不到竹竿和捆绳，从而增加菊花的整体美感。

2. 鲜切花张网

摘心后当株高30cm时，用网眼20~25cm²的尼龙网支撑，随着菊花长高将尼龙网抬高，使菊花不倒伏。

（五）花期调整

1. 元旦用花

选晚花品种，从8月上旬至10月中旬，从日落到24时增加光照。花芽开始分化时，室温以20℃为宜。最低不可低于15℃，到元旦即可开花。

2. 春节用花

8月份剪取嫩枝扦插，9月中旬上盆，11月下旬移入阳畦或向阳的低温温室中。12月中旬移入中温温室，保持15~20℃，适时浇水施肥，翌年2月初开花。

3. "五一"用花

11月底将开过花的秋菊残枝剪除，换盆、换土、修根后，放入温室培养，使新芽茁壮生长，加强肥水管理，促进营养生长。翌年1月提高温度至21℃，2月即可形成花蕾。4月中、下旬开花。

4. "七一"用花

将放在温室过冬的脚芽（菊花开花植株的基部萌生多数萌蘖，俗称脚芽，可切取用于扦插，也可让其越冬第二年发芽）在翌年4月中旬栽入小盆，放在温室内培养。5月初进行遮光处理，每天光照10小时，6月下旬即可开花。

5. 国庆节用花

7月底对菊花进行短日照处理，1个月后出现花蕾，9月底可开花。如果用夏菊品种，只要生长温度达10℃以上，不必进行短日照处理，也可在国庆节开花。


**四、病虫害防治**

（一）常见病害的防治

1. 菊花斑枯病

（1）危害症状

主要危害菊花的叶片。病害从植株下部叶片开始，逐渐向上部叶片发展，受害叶片多从叶尖、叶缘处形成圆形、椭圆形或不规则形的黑褐色斑，直径为5~10mm。环境条件适宜时，病斑迅速扩展，连接成片，使整个叶片发黄变黑枯死，病叶不脱落，吊挂在茎秆上。

（2）发病规律

秋季多雨发病严重，植株过密发病也重，气温高时发病迅速。

（3）防治方法

①农业防治：a.选用抗病品种；b.选用健康母株做繁殖材料；c.栽培时，要经常整枝，消除病残体，收获时，要将田间的残叶、病株彻底清理烧毁，消灭菌源；d.发病严重的地块避免连作，可与禾本科作物倒茬轮作，盆栽菊花每年要更换新土；适时适量浇水，合理施肥，合理密植，使植株生长健壮，增强其抗病耐病性。

②药剂防治：定期喷施50%多菌灵800倍液，或75%百菌清800倍液，每7~10天喷洒1次，能有效控制菊花斑枯病。

2. 菊花锈病

（1）危害症状：锈病主要危害菊花的叶和茎，以叶受害为重。黑锈病是锈病中危害较普遍的一种，开始叶片表面出现苍白色的小斑点，逐渐膨大呈稍圆形突起，不久叶背表皮破裂生出成堆的橙黄色粉末，随风飞散，大面积传染。随后叶片上生出暗黑色椭圆形斑点，叶背表皮破裂后又生出黑色粉末，严重时自下而上全株染病，致叶片干枯。白锈病叶子表面发生灰白色圆形病斑，逐渐发干呈红褐色，最后变成黑褐色，严重时会导致菊株枯死，比黑锈病危害严重。褐锈病叶子表面密生淡褐色或橙黄色的细小斑点，至叶干枯黄。

（2）发病规律：栽培管理不良、通风透光条件差、地势低洼排水不良、土壤缺肥或氮肥过量、空气湿度大等，都会促进菊花锈病的发生。通风不良、透光性差、土壤板结、排水不畅、施氮肥过多、缺肥、多年连作等均发病严重。阴雨天气易发病。

（3）防治方法

①农业防治：a.选择健壮无病的植株作母株；b.及时消除病株，消灭菌源；c.合理施肥，适当增施磷钾肥，提高植株的抗病性。

②药剂防治：苗期预防，可用1%波尔多液，粉锈宁3000倍液，甲基托布津或多菌灵1000倍液，每10天1次，交替喷洒3~5次可控制病害发生。发病季节，喷65%代森锌500倍液，可有效控制病情的流行。

3. 菊花灰霉病

（1）危害症状：灰霉病主要危害菊花的叶、茎、花等部位。叶受害时在叶片边缘呈褐色病斑，表面略呈轮纹状波皱，叶柄和花柄先软化，然后外皮腐烂。花受害时影响种子成熟。

（2）发病规律：高温多雨、氮肥施用过多、栽植过密以及土壤质地黏重等，都有利于灰霉病的发生。

（3）防治方法

①农业防治：a.客土栽植。病菌主要在土壤中越冬，因此，无论是园栽还是盆栽，一律要求土壤是无病菌新土；b.发现病叶及病重株应及时清除，集中烧掉或深埋，以防病害传播蔓延；c.重视栽培管理，注意改善通风透光条件，不偏施氮肥，雨季注意开沟，严防土壤灌水。

②药剂防治: a. 新栽菊花定植前可用65%代森锌300倍液浸根5~10分钟; b. 发病初期可喷洒波美度0.3~0.5度的石硫合剂、代森锌、多菌灵等杀菌剂。

（二）常见虫害的防治

1. 蚜虫

（1）危害特征: 蚜虫自幼苗开始到开花结束都有发生, 春季发芽时蚜虫出现, 群栖在嫩茎叶上, 吸食汁液。苗期主要危害嫩茎和嫩叶, 影响茎叶正常生长, 现蕾开花期集中危害花梗和花蕾, 开花后危害花蕊, 并进入管状花瓣造成花蕾变小、易脱落、花朵不够鲜艳、凋谢早。危害严重时蚜虫还大量分泌蜜露引起煤污病, 使枝叶和花朵变黑。

（2）防治方法: 用鲜辣椒或干红辣椒50g, 加水30~50g, 煮半小时左右, 取滤液喷洒受害植株, 十分有效, 也可用洗衣粉3~4g, 加水100g, 搅拌均匀后, 连续喷2~3次, 防治效果达100%。用风油精加水600~800倍液, 对着害虫仔细喷洒, 使虫体沾药水, 杀虫效果达95%以上, 且对植株不会产生药害。

2. 红蜘蛛

（1）危害特征: 主要危害菊花叶片、花朵, 红蜘蛛的虫体似针尖大小, 深红色或紫红色, 肉眼看到红色小点。它的若虫常群集于花卉的叶背及花蕾上, 以刺吸式口器吮吸汁液而危害植株。

（2）防治方法

①将柑橘皮加水10倍浸泡一昼夜, 过滤后喷洒植株, 可防治蚜虫、红蜘蛛等;

②洗衣粉15g、20%的烧碱15ml、水7.5kg, 三者混匀后喷雾, 红蜘蛛的成螨、若螨死亡率达94%~98%;

③取50g草木灰, 加水2500g充分搅拌, 浸泡两昼夜过滤后加洗衣粉3~4g混匀后喷洒。每日1次连续3天, 隔1周再喷洒3天, 可消灭第二代害虫。

**五、采收分级, 贮藏**

（一）切花菊产品特征要求

株高在80cm以上, 茎直立, 不弯曲; 叶片肥厚光亮, 上下均衡, 大小适中; 花头下第一节节间短而粗; 花色纯正, 有光泽; 花瓣坚挺, 花朵耐贮运、耐水插。

（二）采收

1. 采收时期

要看上市时间, 如需贮藏, 花开约四五成时采收。如立即上市, 在花开八成时采收。

2. 采收注意事项

（1）采收要集中在清晨和傍晚, 避免正午进行;

（2）采时应在距地10cm处切断, 去除茎基1/3的叶片。

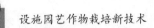

### 3. 分级包装

按花径大小和花茎长度分级。花径15cm以上，花茎75cm以上为一级；花径12.5~14.9cm，花茎75cm以上为二级；花径10~12cm，花茎60~74cm为三级。分级后放保鲜液中处理，然后10~12支扎成一束即可贮藏或上市。如需贮藏，温度应为0~2℃，时间为3~6周。

# 第二节　百合设施栽培新技术

百合花为百合科多年生草本，原产我国、日本、朝鲜等，又名喇叭花、六瓣花、卷丹、蒜脑薯等。百合花的种类很多，花色丰富，花形多变，花期较长（从春到秋），具有浓香，是世界著名花卉之一。百合不仅花美叶秀，幽香宜人，且因鳞片紧抱向心，花枝挺立，象征着百事合心，团结友好，高雅向上，极为适合馈赠亲友，表达敬爱，祝福吉祥，营造喜庆气氛，亦适合盆栽自赏，庭院悦众，故深得国人喜爱，设施栽培百合前景广阔。

## 一、百合品种选择

百合花可分为4个组。

鹿百合组：特点是观赏性很强，花大、呈喇叭状，横向生长，如王百合、野百合、麝香百合、台湾百合。

钟化组：以花色丰富及观赏性强为特点，如毛百合、玫红百合、渥丹、滇百合。

卷瓣组：它的主要特点为花朵倒悬，花瓣反卷呈吊钟状，叶片散生。如卷丹、川百合、鹿子百合、山丹、大理百合等。

轮叶组：特点是在同一茎节的相近部位长5~14张叶片，比较悦目。花型不一致，有朝天开花的，也有倒挂卷瓣的。如青岛百合、东北轮叶百合。

## 二、百合的繁殖与定植

（一）繁殖

繁殖百合花可用鳞片扦插法、子球繁殖法、珠芽繁殖法等。

### 1. 鳞片扦插

百合的鳞片具有发生不定根和产生幼芽的特性。鳞片扦插不受季节限制，一般是在花后待鳞茎发育成熟时，再掘出3~4年生的鳞茎，放置在通风处吹干，然后再将鳞茎外面肥大的鳞片剥下（中心嫩芽不能用），经过一天的风吹干燥后，再扦插到事先准备好的沙床或浅的木箱内。扦插深度为鳞片长度的2/3~3/4，插后保持湿润并遮阳，经45~120天，扦插的鳞片大多数已形成小鳞茎,再按小鳞茎培养种球的方法进行管理。扦插用的土壤介质最多使用的是湿润的泥炭、苔藓、珍珠岩、发酵木屑或砂土等。百合以鳞片扦插为最主要繁殖方法。

**2. 子球繁殖法**

许多百合花的地下部位或接近地面的茎节上会长出许多小子球,待其长到充分大时小心摘下,每个子球便可繁育一株植株。一株麝香百合可从子球上繁殖出几十株新株。

**3. 球芽繁殖法**

卷丹、淡黄花百合、沙紫百合和切花品种百合的茎节上部叶腋中均长有紫黑色的株芽。株芽有几片肥厚的鳞片合成,它能自然地生根长叶,如果将其摘下栽入土中,就能很快地形成小植株,2~3年后即可开花。

**(二)百合种植时土壤消毒**

常用方法有蒸汽消毒和药剂消毒两种。

蒸汽消毒是将带有小孔的耐热塑料管埋入苗床下部约30cm,地表覆盖薄膜,然后送入蒸汽,持续熏蒸1小时即可。

药剂消毒一般将40%福尔马林配成1:50或1:100倍药液泼洒土壤,用量为25kg/m²。泼洒后,用塑料薄膜覆盖5~7天,然后揭开薄膜晾晒10~15天,待药气完全散尽后才可种植。

**(三)定植**

**1. 土壤选择**

百合的根系发达,要求土层深厚,土壤疏松,排水、透气性好,微酸性或沙质壤土地。如pH过高或过低,可用稀盐酸或稀氢氧化钠调整,碱性较高的地区,可多施尿素、硫酸铵等铵态氮肥,促进对磷、钾元素的吸收。亚洲百合适宜的pH为6~7,东方百合为5.5~6.5。

**2. 整畦**

种植前30~40天进行土地平整,每亩撒施充分腐熟的牛粪、猪粪、鸡粪等有机肥5000~8000kg,深翻30cm,整成南北向高畦,畦面宽90cm,沟宽30cm,畦高25cm。种植前一个星期漫灌1次

**3. 种植**

(1)种球处理:购进的国产种球或进口鳞茎后都需要经过催芽处理,如果鳞茎已萌芽,则不需再催芽,这样不但提高了日光温室的利用率,而且生长期一致、花期一致。种植前将尚未萌芽的鳞茎,排放在厚3~4cm经消毒的锯木屑和泥炭的混合基质或蛭石上,然后再盖上2~3cm的基质或蛭石,浇水后放在8~23℃的条件下进行催芽,正常情况下4~5天即可发芽。

(2)种植时间:定植时间要根据供花时间和品种生长期而定,以元旦、春节为主要供花目标,适宜种植时间为9月中下旬至10月上旬,一般在10月20日前种植完毕。

(3)种植密度:切花百合的栽培密度宜高些,密植可使茎秆挺拔,具体栽培密度要根据品种特性、鳞茎大小和栽培季节等因素而定。同样大小的鳞茎种球,植株高大的品种种植密度

应稀些,植株较小或紧凑的品种,种植密度适宜密一点,在光照充足、温度稍高的春季栽培可密些,在雨水多的夏季,要稀些,光照稍弱、温度较低的秋冬季栽培要稀一些。一般株行距为12~15cm。同是直径5cm左右的种球,亚洲杂种40~50个/m²,东方杂种25~35个/m²,麝香杂种35~45个/m²。

(4)种植方法:一般为开沟种植,栽植后覆土。种植时芽头要栽直,如芽头过长超过5cm时,则根部恢复期长,且容易碰伤芽头和新根。

(5)种植深度:冬、春、秋季保持鳞茎上方土层厚6~8cm,以发芽生长后茎生根不露出土面为宜。夏季保持鳞茎上方土层10~15cm,以减低根系环境温度,且上方要覆盖木屑或稻草。

### 三、百合的栽培管理技术

(一)肥水管理

百合种植后即灌水一次。在百合的生长期中需要比较充足的水分,才能保持茎叶的生长和花蕾的发育,除在苗期和收花后适当控水外尽可能保持畦面见湿,特别是株高达20cm左右时。定植期至发芽前,一般不再施肥浇水,但如果土壤过于干燥,则必须喷水以保持10~15cm深的土壤表面湿润,但水分不能过多,以手握泥土没有水分溢出为度。切忌在中午日照强烈、气温很高时浇水或喷水。否则易引起芽枯病、"盲花"和"花裂"等生理性病害发生。

百合通常不需要中耕追肥,以叶面追肥为主。发芽出土后要立即追肥,在整个生长季节追肥10~15次,要"薄肥勤施"。生长前期将1%尿素(或硝酸铵)+0.5%的硫酸镁水溶液灌入土中。后期用0.5%硝酸铵+0.5%尿素+1%硝酸钾水溶液施入土中。并辅之以0.1%磷酸二氢钾水溶液叶面喷施。另外,还要根据叶色的变化增施硫酸亚铁液肥。

(二)温度管理

冬季供花,通常在10月下旬盖膜保温,以长寿聚氯乙烯无滴膜为宜,茎生根未长出之前最适温度为12~13℃,茎生根长出后最适温度为14~25℃,白天温度最好不要超过28℃,夜间温度最好不低于10℃,昼夜温差控制在10~12℃为宜。夜晚在15~18℃,白天温度过高会降低植株的高度,减少每枝花的花蕾数,并产生大量盲花。夜晚温度低于15℃会导致落蕾,叶黄化,降低观赏价值。温度过高时注意通风降温,通风时不能把通风口一下子开得很大,夏秋供花,晴天覆盖遮阳网,以降低植株表面温度和环境温度,阴雨天一定要及时揭去,以降低湿度,谨防疫病流行危害。

(三)光照管理

百合花芽的发育特别需要充足的光照条件。日照长短对百合的生长和开花有很大影响。为促进百合提前开花上市,对光照敏感的品种晚间可用200瓦的高压钠灯处理4小时(即20:00~00:00),这样处理比傍晚延长6~8小时的光照效果好。具体做法是:每

$25\sim30m^2$在高2m处挂200瓦的加装反光装置的高压钠灯1只。北方地区日照时间长,光照充足,晴多阴少,在夏季光照过强时,用遮阳网遮光50%以上。

（四）张网设支架

切花百合商品标准除了花朵本身的色、形以及花瓣的质感等方面外,还要求茎秆坚实、挺直。百合趋旋光性很强,在冬季栽培时常常向南倾倒伏,必须及时设立支架。在畦面上拉支撑网。当株高达35cm时开始张网,网格边长以10cm为宜,随着植株的生长,及时提升网。

### 四、百合的病虫害防治

（一）常见病害的防治

1. 立枯病

（1）发病症状。

由于鳞茎长期种植在土壤中,而土壤中又潜伏着病原菌,当种球被侵袭后,茎叶表面就发生淡褐色条纹,茎端开始腐烂,导致枯萎。

（2）防治方法。

在出苗后喷等量式波尔多液,每10天1次,连续3～4次;进行鳞茎消毒,用50倍福尔马林液浸泡鳞茎消毒15分钟。

2. 鳞茎软腐病

（1）发病症状。

侵染后表现为鳞茎呈褐色水浸状,变软,腐烂,最后鳞茎外表密布一层菌丝。

（2）防治方法。

农业防治:挖掘时尽量避免碰伤鳞茎,贮藏时要充分阴干,贮藏场所要干燥,特别注意通风,阴凉。

3. 鳞茎腐烂病

（1）发病症状。

鳞茎受害时,产生褐色病斑,最后整个鳞茎出现褐色病斑,呈褐色腐烂。

（2）防治方法。

用0.5%（球重）五氯硝基苯拌种,发病初期用50%代森铵200～400倍液浇灌。

（二）常见虫害的防治（蚜虫的防治）

（1）危害特征。

蚜虫危害,常群集在嫩叶花蕾上吸取汁液,使植株萎缩,生长不良,开花结实均受影响。

（2）防治方法。

①农业防治:清洁田园,铲除田间杂草,减少越冬虫口。

②药剂防治:发生期间喷杀灭菊酯2000倍液,或40%氧化乐果1500倍液,或50%马拉硫

磷1000倍液。

## 五、采收

### （一）采收时期

具5~10个花头的花序必须有2个花苞着色，有5个以下花头的花序至少有1个花苞着色之后才能采收。最下面一朵花着色时采收。采收时剪刀需用75%酒精消毒。通常在早晨或傍晚进行。无二茬花的品种可以连根拔起，具二茬花特性的品种，剪留高度为10~20cm，保留植株叶片15~30片，至少10片。

### （二）采收后处理

采收的切花在空气中暴露的时间一般不得超过30分钟，采收后应尽快插入装有保鲜剂的清水中吸水，吸水30分钟至1小时后开始分级捆扎；分级时剔除花茎下部15~20cm的叶片，然后根据花蕾的数目、大小、茎的长短和坚硬度以及叶子与花蕾是否畸形对百合进行分级，分级后10枝用胶圈捆成一把，尽量保持花头和基部整齐；捆扎后用包装纸或包装袋包装后贴上标签，送往冷库预冷。

### （三）贮藏

成捆后应把百合插在冷藏室的水中，并在水中加入硫代硫酸银（必须现配现用），冷库内温度控制在5℃。

# 第七章　园艺植物化控技术

化控技术是园艺植物在不适宜生长的条件下，用植物生长调节剂来协调园艺植物的生长和发育，使其的生长和发育有利于生产的技术。

## 第一节　化控技术应用

1. 防止徒长：主要用于高温期育苗以及结果前期，当仅靠常规的栽培管理措施难以控制徒长时，用植物生长抑制剂喷洒或浇入地里，能够获得比较好的控制徒长效果。

2. 促进营养生长：低温期栽培蔬菜，蔬菜生长缓慢，甚至出现花打顶、僵果等现象，需要用生长促进剂来刺激蔬菜，促进生长。

3. 防止落花落果：设施栽培蔬菜由于受低温或高温的影响，以及由于缺乏授粉昆虫等原因，容易落花落果，需要用坐果激素对花朵进行人工处理，防止脱落。

4. 调节花的性型：主要用于瓜类蔬菜，于苗期以及结果期用雌花发生剂进行处理，增加雌花数量。

5. 促进果实生长：低温期栽培果菜，果实的生长速度比较慢，体积小，形状也不良，需要用果实生长促进剂对果实进行处理，提高果实的膨大速度，提早成熟。

6. 果实催熟：主要用于催熟低温期栽培的以成熟果为产品的蔬菜，使果实提早成熟。

7. 促进生根：主要用于枝条扦插繁殖，提高成活率。

# 第二节　主要植物生长调节剂的应用

### 一、2, 4-D和防落素

主要作用是防止脱落。

2, 4-D是2, 4-二氯苯氧乙酸的简称, 对植株茎叶伤害性大, 滴落在叶面或幼茎上, 常使叶片或茎扭曲畸形生长。防止落花落果, 使用浓度通常为10~30mg/L。只能点抹花朵或花梗, 严禁喷花。防止结球白菜、结球甘蓝等脱叶脱帮的适宜浓度为: 大白菜25~50mg/L, 结球甘蓝、花椰菜等为50~100mg/L, 采收前或采后喷洒叶梢或根部。

防落素 (PCPA, 又称番茄灵) 对植物茎叶的危害轻, 主要用来防止落花落果, 适用浓度为20~50mg/L。为提高效率, 一般在花半开时或花穗的半数花开放时进行喷花。

### 二、助壮素 (缩节胺) 和矮壮素 (ccc)

主要作用是防止植株徒长。

助壮素为内吸性植物生长调节剂, 溶于水。一般使用时期为: 茄果类蔬菜于定植前和初花期喷洒心叶, 瓜类蔬菜于花期喷洒心叶, 豆类蔬菜于花夹期喷洒心叶。适宜浓度为5~200mg/L。

矮壮素除了抑制蔬菜茎叶生长外, 也能够促进根系生长。多采用灌根法。适宜浓度为200~300mg/L。

### 三、赤霉素

溶于乙醇、丙酮、甲醇等有机溶剂中, 难溶于水。主要作用是促进果实的生长, 提早成熟; 刺激植株的生长点生长, 使植株保持比较强的生长势; 促进茎节伸长, 促进叶片扩大; 打破种子休眠, 提高种子的发芽率。促进生长的适宜浓度一般为20~50mg/L。夏季用5~20mg/L浸芹菜、菠菜、莴苣等种子2~4小时, 能够促进种子发芽; 秋播马铃薯切块后, 用0.5~1mg/L赤霉素浸种10分钟, 或以2~5mg/L赤霉素处理整薯, 浸种1小时, 捞出晾干后, 放于潮湿的沙床上催芽, 可打破休眠, 促进发芽。

经过赤霉素处理的植株, 叶色较淡, 有一时失绿现象, 几天以后可恢复正常生长, 同时促进生长的作用也随之消失, 需要再次喷药才能有促进生长的作用。

### 四、乙烯利

易溶于水及酒精、丙酮等有机溶剂中。主要作用：一是用于像番茄、西瓜一类以老熟果为产品的蔬菜，进行果实催熟；二是用于瓜类蔬菜上，促进雌花分化。用于果实催熟的药液浓度一般为2000mg／L左右，用于促进瓜类蔬菜雌花分化的浓度一般为100～200mg／L。

### 五、吲哚乙酸、吲哚丁酸和萘乙酸

主要作用是促进扦插的枝条、叶、芽生根。用100mg／L吲哚乙酸或50mg／L萘乙酸溶液或者二者混合液，浸泡番茄枝条基部10分钟，或直接浸在吲哚乙酸0.1～0.2mg／L溶液中，保持白天22～28℃、夜间10～18℃，7天左右即可发根成苗。

# 第三节　化控技术应用中需注意的几个问题

### 一、药液浓度要适宜

确定激素的使用浓度要从以下三个方面进行考虑。

1. 激素的种类：作用相似的激素间，适宜的使用浓度往往是有差别的。因此，确定浓度时，必须严格按照使用说明要求的浓度来配制药液。

2. 处理的蔬菜类型：对一些耐药性强的蔬菜，药液浓度可适当高一些，药性差的蔬菜，药液浓度就应适当低一些。

3. 温度高低：对促进生长或结果激素来讲，温度偏低时，药液的浓度应适当高一些；而对抑制生长激素来讲，温度偏低时，药液的浓度就应低一些。

### 二、处理方法要正确

凡是在低浓度下就能够对蔬菜产生药害的激素，必须采取点涂的方法，对蔬菜做局部处理，减少用药量，严禁采取喷雾法。对一些不易产生药害的激素，为提高工效，可根据需要，选择喷雾、点、涂等方法。

### 三、用药量要适宜

不论哪种激素，使用量过大时均会不同程度地对蔬菜造成危害。由于绝大多数激素对蔬菜的有效作用部位为植株的生长点或花蕾，因此凡是喷洒的激素，均要求轻喷植株上部或只喷洒花朵。另外，对象2,4-D一类不能重复处理蔬菜的激素，应在激素溶液中加入适量的指示剂，如滑石粉、色剂等，以便在植株的已处理部位上留下标记，避免日后对该部位做重复处理。

### 四、激素处理与改善栽培环境工作要同时进行

环境条件对激素作用的发挥程度影响很大，要充分发挥激素的作用，就必须在使用激素的同时，也相应地改善蔬菜的栽培环境。例如，要控制蔬菜徒长，应在使用激素的同时，减少浇水量和氮肥的使用量，并加大通风量；要促进蔬菜开花结果，就要在使用激素的同时，提高或降低保护地内的温度，并降低空气湿度等。

### 五、要消除激素万能的错误思想

虽然激素能够在一定程度上调节蔬菜的生长快慢以及开花结果，但其只能够起到辅助的作用，要从根本上控制蔬菜的生长和开花结果，只有合理的栽培管理措施。另外，蔬菜上大量使用植物激素也不符合无公害栽培的要求。